21 世纪高等院校规划教材

Java 程序设计实训

李宗军　滕延燕　编著

中国水利水电出版社
www.waterpub.com.cn

内 容 提 要

本书是《Java 程序设计及应用》（李宗军、滕延燕编著，中国水利水电出版社出版）的配套用书，由上机实训、主教材习题选解与提示两部分组成。实训部分精心设计了 20 个实训，每一实训又分为实训目的和实训案例两部分。前 15 个实训的开发环境是"JDK+文本编辑器"，紧扣主教材，强调编程的思想、原理和技术细节，是编程的基本功。后 5 个实训采用的开发环境是 Netbeans，其中实训 16、17、18 是 Netbean 的入门和基本用法，完成从"JDK+文本编辑器"到 IDE 的过渡，最后 2 个是综合实训，是对主教材、前 15 个实训及 IDE 使用的深化和综合，并与案例 15 形成强烈的对比。读者完成主教材和这些实训后，能够掌握过硬的编程基本功，熟练掌握 IDE 的基础用法，符合企业软件开发的要求。

随书附赠光盘内容为主教材所有示例源程序、实训的源代码程序、Flash 教学视频，以及相关软件、JDK API 文档等。

本书可作为理工科高等院校的"Java 程序设计"的辅助教材，也可作为软件企业培训或者社会培训机构的"Java 程序设计"的辅助教材，也适用于自学。本书是作者长期从事 Java 技术研究、软件开发、教学、企业软件项目指导的心得体会，在此奉献给大家，愿本书能够为广大 Java 爱好者提供有益的帮助。

图书在版编目（ＣＩＰ）数据

Java程序设计实训 / 李宗军，滕延燕编著. -- 北京
: 中国水利水电出版社，2010.2
 21世纪高等院校规划教材
 ISBN 978-7-5084-7166-2

Ⅰ．①J… Ⅱ．①李… ②滕… Ⅲ．①
JAVA语言－程序设计－高等学校：技术学校－教材 Ⅳ.
①TP312

中国版本图书馆CIP数据核字(2010)第012234号

策划编辑：雷顺加　责任编辑：张玉玲　加工编辑：周益丹　封面设计：李　佳

书　　名	21 世纪高等院校规划教材 Java 程序设计实训
作　　者	李宗军　滕延燕　编著
出版发行	中国水利水电出版社 （北京市海淀区玉渊潭南路 1 号 D 座　100038） 网址：www.waterpub.com.cn E-mail: mchannel@263.net（万水） 　　　　sales@waterpub.com.cn 电话：（010）68367658（营销中心）、82562819（万水）
经　　售	全国各地新华书店和相关出版物销售网点
排　　版	北京万水电子信息有限公司
印　　刷	北京蓝空印刷厂
规　　格	184mm×260mm　16 开本　10.25 印张　240 千字
版　　次	2010 年 3 月第 1 版　2010 年 3 月第 1 次印刷
印　　数	0001—3000 册
定　　价	24.00 元（赠 1CD）

序

随着计算机科学与技术的飞速发展,计算机的应用已经渗透到国民经济与人们生活的各个角落,正在日益改变着传统的人类工作方式和生活方式。在我国高等教育逐步实现大众化后,越来越多的高等院校会面向国民经济发展的第一线,为行业、企业培养各级各类高级应用型专门人才。为了大力推广计算机应用技术,更好地适应当前我国高等教育的跨跃式发展,满足我国高等院校从精英教育向大众化教育的转变,符合社会对高等院校应用型人才培养的各类要求,我们成立了"21世纪高等院校规划教材编委会",在明确了高等院校应用型人才培养模式、培养目标、教学内容和课程体系的框架下,组织编写了本套"21世纪高等院校规划教材"。

众所周知,教材建设作为保证和提高教学质量的重要支柱及基础,作为体现教学内容和教学方法的知识载体,在当前培养应用型人才中的作用是显而易见的。探索和建设适应新世纪我国高等院校应用型人才培养体系需要的配套教材已经成为当前我国高等院校教学改革和教材建设工作面临的紧迫任务。因此,编委会经过大量的前期调研和策划,在广泛了解各高等院校的教学现状、市场需求,探讨课程设置、研究课程体系的基础上,组织一批具备较高的学术水平、丰富的教学经验、较强的工程实践能力的学术带头人、科研人员和主要从事该课程教学的骨干教师编写出一批有特色、适用性强的计算机类公共基础课、技术基础课、专业及应用技术课的教材以及相应的教学辅导书,以满足目前高等院校应用型人才培养的需要。本套教材消化和吸收了多年来已有的应用型人才培养的探索与实践成果,紧密结合经济全球化时代高等院校应用型人才培养工作的实际需要,努力实践,大胆创新。教材编写采用整体规划、分步实施、滚动立项的方式,分期分批地启动编写计划,编写大纲的确定以及教材风格的定位均经过编委会多次认真讨论,以确保该套教材的高质量和实用性。

教材编委会分析研究了应用型人才与研究型人才在培养目标、课程体系和内容编排上的区别,分别提出了3个层面上的要求:在专业基础类课程层面上,既要保持学科体系的完整性,使学生打下较为扎实的专业基础,为后续课程的学习做好铺垫,更要突出应用特色,理论联系实际,并与工程实践相结合,适当压缩过多过深的公式推导与原理性分析,兼顾考研学生的需要,以原理和公式结论的应用为突破口,注重它们的应用环境和方法;在程序设计类课程层面上,把握程序设计方法和思路,注重程序设计实践训练,引入典型的程序设计案例,将程序设计类课程的学习融入案例的研究和解决过程中,以学生实际编程解决问题的能力为突破口,注重程序设计算法的实现;在专业技术应用层面上,积极引入工程案例,以培养学生解决工程实际问题的能力为突破口,加大实践教学内容的比重,增加新技术、新知识、新工艺的内容。

本套规划教材的编写原则是:

在编写中重视基础,循序渐进,内容精炼,重点突出,融入学科方法论内容和科学理念,反映计算机技术发展要求,倡导理论联系实际和科学的思想方法,体现一级学科知识组织的层次结构。主要表现在:以计算机学科的科学体系为依托,明确目标定位,分类组织实施,兼容互补;理论与实践并重,强调理论与实践相结合,突出学科发展特点,体现学科发展的内在规律;教材内容循序渐进,保证学术深度,减少知识重复,前后相互呼应,内容编排合理,整体结构完整；采取自顶向下设计方法，内涵发展优先，突出学科方法论，强调知识体系可扩展的原则。

本套规划教材的主要特点是：

（1）面向应用型高等院校，在保证学科体系完整的基础上不过度强调理论的深度和难度，注重应用型人才的专业技能和工程实用技术的培养。在课程体系方面打破传统的研究型人才培养体系，根据社会经济发展对行业、企业的工程技术需要，建立新的课程体系，并在教材中反映出来。

（2）教材的理论知识包括了高等院校学生必须具备的科学、工程、技术等方面的要求，知识点不要求大而全，但一定要讲透，使学生真正掌握。同时注重理论知识与实践相结合，使学生通过实践深化对理论的理解，学会并掌握理论方法的实际运用。

（3）在教材中加大能力训练部分的比重，使学生比较熟练地应用计算机知识和技术解决实际问题，既注重培养学生分析问题的能力，也注重培养学生思考问题、解决问题的能力。

（4）教材采用"任务驱动"的编写方式，以实际问题引出相关原理和概念，在讲述实例的过程中将本章的知识点融入，通过分析归纳，介绍解决工程实际问题的思想和方法，然后进行概括总结，使教材内容层次清晰，脉络分明，可读性、可操作性强。同时，引入案例教学和启发式教学方法，便于激发学习兴趣。

（5）教材在内容编排上，力求由浅入深，循序渐进，举一反三，突出重点，通俗易懂。采用模块化结构，兼顾不同层次的需求，在具体授课时可根据各校的教学计划在内容上适当加以取舍。此外还注重了配套教材的编写，如课程学习辅导、实验指导、综合实训、课程设计指导等，注重多媒体的教学方式以及配套课件的制作。

（6）大部分教材配有电子教案，以使教材向多元化、多媒体化发展，满足广大教师进行多媒体教学的需要。电子教案用 PowerPoint 制作，教师可根据授课情况任意修改。相关教案的具体情况请到中国水利水电出版社网站 www.waterpub.com.cn 下载。此外还提供相关教材中所有程序的源代码，方便教师直接切换到系统环境中教学，提高教学效果。

总之，本套规划教材凝聚了众多长期在教学、科研一线工作的教师及科研人员的教学科研经验和智慧，内容新颖，结构完整，概念清晰，深入浅出，通俗易懂，可读性、可操作性和实用性强。本套规划教材适用于应用型高等院校各专业，也可作为本科院校举办的应用技术专业的课程教材，此外还可作为职业技术学院和民办高校、成人教育的教材以及从事工程应用的技术人员的自学参考资料。

我们感谢该套规划教材的各位作者为教材的出版所做出的贡献，也感谢中国水利水电出版社为选题、立项、编审所做出的努力。我们相信，随着我国高等教育的不断发展和高校教学改革的不断深入，具有示范性并适应应用型人才培养的精品课程教材必将进一步促进我国高等院校教学质量的提高。

我们期待广大读者对本套规划教材提出宝贵意见，以便进一步修订，使该套规划教材不断完善。

21 世纪高等院校规划教材编委会

2004 年 8 月

前　　言

　　本书紧密结合"Java 面向对象程序设计"课程的教学而编写，集实训、主教材习题选解与提示于一体。实训中选取的案例是对主教材知识点的进一步巩固，并在此基础上加强面向对象编程的综合能力。

　　本实训的指导思想是：让读者通过自己动手来体验，并指导读者通过观察、思考，自己总结出编程的技巧和方法，这样可以进一步培养读者的编程直觉和编程技巧，而不是教授多少具体的编程知识，授人以鱼不如授人以渔。不追求主教材内容的面面俱到，而是沿着主教材的主线，突出主教材的重点，激发读者学习编程的兴趣，掌握编程的技巧，学习解决问题的方法。

　　实验案例的设计原则是：

　　（1）指导读者逐步掌握学习编程的方法——实验的方法，这个方法会贯穿程序员的整个职业生涯，无论是在本课程学习阶段，还是在开发企业软件阶段，不可避免地会遇到各种技术问题，要解决这样的问题，一方面需要查阅资料，另一方面需要设计实验来验证。本实训中设计了许多验证性实验，目的就在于此。

　　（2）与企业软件开发适度衔接。本实训中有许多案例是节选自真实的企业软件项目而后经过改编的，其目的是让读者体会、积累开发软件的基本经验，而不仅仅拘泥于 Java 的具体知识点的学习。

　　本书在内容编排上与主教材保持同步，设计的案例并非是把主教材知识点从编程角度上的简单的重复，而是对教材的深化和升华，读者在实训前一定要先把主教材的有关内容掌握好。本实训遵循了由浅入深的原则，具有一定的系统性，同时每个实训又具有一定的独立性。在使用本书时，可以根据实际情况选取部分案例进行实验，案例实验完毕后一定要做思考、总结。

　　本书附带的光盘提供了学习本课程必要的工具和资料，读者在使用时首先要阅读光盘根目录下的 readme.txt 文件，里面有详细的说明。光盘中的源代码都是经过上机严格实验通过的，若读者在使用过程中出现了问题，一般都是由环境的设置不当引起的，欢迎向我们咨询。

　　本书的总体结构与编写思想由李宗军和滕延燕设计编写，参加编写的还有李志敏、高峰、王金良、周丽美、刘慧、尹海丽、王广彬（青岛科技大学）、李洪伟（山东科技大学）、钱守国（青岛大学）、杨玉霞、段建丽、姚惠萍、王丽丽等老师。我的学生高素真、罗秀基、李海静、戴明霞、毛静、冯彦君、高金风、胡克平、刘涛、宋慧、曾雨、邹剑邦等都参与了我们许多项目的研发工作，为本教材编写了大量的程序代码，祝愿他们在以后的工作和生活中一切顺利，祝愿他们取得更大的成绩。全书得到了中国水利水电出版社相关领导的大力支持和北京万水电子信息有限公司策划团队的用心指导，特别是雷顺加编审、俞飞和周益丹编辑在本书的策划和写作中，提出了很好的建议，使得本书能够更好地用于教学，在此深表感谢。

在本书编写过程中参考了大量国内外计算机网络文献资料，在此，谨向这些作者以及为本书出版付出辛勤劳动的同志深表感谢！另外，本书的编写过程得到了青岛理工大学和理学院领导的大力支持，在此表示衷心的感谢！感谢理学院计科教研室和数学教研室全体同仁为本书的出版所做的努力！

由于作者水平有限，书中可能存在错误和不妥之处，敬请各位专家和读者指正，我们的E-mail 是：li_zjun@126.com。

编　者
2010 年 2 月

目　　录

实训 1　Java 编程入门

1.1　实训目的

（1）掌握 Java 开发环境的搭建。
（2）掌握编程的基本步骤。
（3）验证教材 1.3 节中的知识点。
（4）掌握 Windows 的基本命令（参考主教材附录 B）。
（5）读懂 Java 程序的编译错误和运行错误信息，学习依据这些错误信息调试源代码。

1.2　实训案例

1.2.1　搭建 Java 开发环境

Java 开发环境分为学习型环境（JDK+文本编辑器）和开发型环境（Eclipse、NetBeans）。本教材前 15 个案例采用的是学习型环境，后 5 个案例采用的是 NetBeams IDE 开发环境，对于文本编辑器，推荐用光盘中附带的 EJE，也可以从 http://sourceforge.net/projects/eje/网站上下载，EJE 是采用 Java 语言开发的一个文本编辑器。

请读者自行安装 JDK 并设置其环境变量 path，而 EJE 只要解压就可以使用。

1.2.2　HelloWorld 程序

首先打开命令行窗口，然后建立实验目录 mywork。启动 EJE（在 Windows 中执行 eje.bat，在 Linux 中执行 eje.sh），单击 Build→Choose Work Directory 命令，然后选定刚才建立的 mywork 目录。在 EJE 中输入如下代码（可充分利用 EJE 中 Insert 菜单中的命令）：

```
1  public class HelloWorld {
2      public static void main(String args[]) {
3          System.out.println("Hello World ! ");
4      }
5  }
```

单击 Tools→Format Code 命令对代码格式化，最后存盘，文件名为 HelloWorld.java。从命令行换到 mywork 目录下，执行命令 javac HelloWorld.java，在编译成功后，再执行命令 java HelloWorld，则会输出一行字符串：Hello World !。对于整个操作过程，读者也可以参考光盘中附带的 HelloWorld.swf 动画演示。

注意：在 EJE 中设置工作目录是个好习惯，能够给编程带来方便。

1.2.3　测试知识点

通过编程测试如下知识点：

①源代码文件名的后缀必须是.java。

②若类采用了 public 修饰，则源代码文件名（这里不含扩展名，后文同）必须与该类名相同（包括字母的大小写一致）。

③若类没用 public 修饰，则源代码文件名可任取。

④在一个源代码文件中可声明多个类，其中若 public 类存在，则只能有一个。

⑤源代码被编译后，一个类生成一个对应的同名的.class 文件，无论这些类是否在同一个源代码文件中。

⑥JVM 启动执行的类中必须含有 main()方法，无论该类是否被 public 修饰。

测试上述知识点的步骤如下：

（1）在 EJE 中输入如下代码：

```
class T {
}
```

存盘源代码文件名为 TT.txt（实际上后缀只要不是.java 即可）。然后执行命令 javac TT.txt 编译源代码文件，则显示屏出现如下错误：

错误：仅当显式请求注释处理时才接受类名称"TT.txt"

1 错误

把 TT.txt 改名为 TT.java，重新编译源代码文件，则编译通过。

至此就测试了知识点①。

（2）使用 EJE 编写如下程序：

```
public class T{
}
```

保存为 TT.java（实际上只要与 T.java 不同即可），编译源代码文件，则出现如下错误：

```
TT.java:1: 类 T 是公共的，应在名为 T.java 的文件中声明

public classT{
          ^
```

1 错误

把源代码文件名 TT.java 改为 T.java，或者把 public 类名 T 改为 TT，注意修改源代码后一定要存盘。然后重新编译源代码文件，编译才能正常通过。

接下来再修改源代码文件名或者类名，使它们的大小写不一致，然后重新编译，试看结果如何，这一步请读者自己试验。

至此就测试了知识点②。

（3）输入如下程序：

```
class A {
}
```

存盘文件名任取，不妨为 B.java，编译之，编译正常通过。

至此就测试了知识点③。

（4）输入如下程序：

```
class A {}
class B {}
class C {}
```

存盘编译之，则正常通过，这就验证了"一个源代码文件中可声明多个类"的说法，至于"若 public 类存在，则只能有一个"，根据知识点②可自然得出。

至此就测试了知识点④。

（5）把（4）中的程序编译后，在当前工作目录下使用 dir 命令查看，自然可以看到 A.class、B.class、C.class 三个文件，这是三个类在同一个源代码文件的情景；当这三个类分别在不同的源代码文件中的情景也一样，请读者自行试验之。

至此就测试了知识点⑤。

（6）请读者想一想采用上述五个步骤为什么就能够测试前五个知识点？如果要求你自己设计测试程序来测试这五个知识点，你会怎样设计更合理？在此基础上请读者自行设计程序来测试知识点⑥。然后把这六个结论记牢固。

1.2.4　JDK 报错信息

读者在上机试验过程中，使用 javac 命令编译源代码文件或者使用 java 命令运行程序时，不可避免会经常出错。初学者常犯的错误有：

（1）环境变量 path 没有设置正确。

（2）源代码文件名没有后缀.java 或者后缀名不正确。

（3）源代码中英文字母大小写混乱。

（4）源代码中中英文标点符号混乱。

（5）被编译的源代码文件找不到。

（6）被运行的程序没有 main 方法。

（7）被运行的类找不到。

遇到错误并不可怕，只要学会阅读 JDK 报告的错误信息，我们就会迅速改正错误。以下面这段错误信息为例，谈谈如何阅读这些错误信息。

```
T.java:2: 找不到符号
符号：类 Strings
位置：类 T
public static void main(Strings[] args){
                       ^
1 错误
```

出错信息的第 1 行中，指出出错的源代码文件名是 T.java，后面的数字是出错的行号，再后面就是出错的原因。第 2 行中进一步指出在出错行的哪部分出了错，这里是"类 Strings"。第 3 行及后面几行采用代码的形式进一步更明确地指出出错的位置。最后一行是统计总共出错的数量。

有时，出现的错误可能不止一个，读者只看第一个错误信息，暂不理会后面的错误信息，这是因为后面的错误有可能是前面的错误导致的，若是这样，则前面的错误改正后，后面的错误信息自然会消失。

在调试程序时，若源代码出错的原因较简单时，JDK 报告的错误信息是准确的，如上面的报错信息；若源代码出错的原因较复杂时，JDK 报告的错误信息就不是很准确了，例如编译下面的程序：

```
1  class TestInfo {
```

```
2      public static void main(String[] args)
3          System.out.println("Hello");
4      }
5  }
```

JDK 报告的错误如下：

```
TestInfo.java:3: 需要 ';'
                System.out.println("Hello");
                   ^
TestInfo.java:5: 需要 "class" 或 "interface"
}
^
TestInfo.java:6: 需要 "class" 或 "interface"
```

　　3 错误

　　实际上，该程序错在 main()方法后面缺少"{"，这时 JDK 报告的编译错误信息只是一个参考，不要迷信它，不过只要在提示的出错位置附近察看一下，就能迅速找到真正的出错原因，所以参考信息的价值也是非常大的。

　　正确迅速地读懂 JDK 的报错信息，是一项很重要的基本功，读者一定要多加练习并掌握。

实训 2　Java 基础

2.1　实训目的

（1）掌握变量的使用及其作用空间。
（2）熟练掌握基本数据类型的转换。
（3）掌握数组的正确使用。
（4）掌握方法的参数传递机理以及可变参数。
（5）逐步引导读者通过分析问题、设计程序、编码实现这三个步骤来验证教材中的某些结论。
（6）训练初学者的编程方法。

2.2　实训案例

2.2.1　变量及其作用空间

快速复习教材 2.1.1～2.1.5 节的内容，阅读下面的程序，找出不符合编码规范的地方（参考教材附录 A.7）。

```
1  public class VariableTest {
2      public static void main(String[] args){
3          byte b=0x15;
4          short s=0x15ff;
5          int i=101;
6          long l=0xffffL;
7          char c='a';
8          float f=0.23F;
9          double d=0.7E-3;
10         boolean B=true;
11         String S="a string";
12
13         System.out.println("byte b = "+b);
14         System.out.println("short s = "+s);
15         System.out.println("int i = "+i);
16         System.out.println("long l = "+l);
17         System.out.println("char c = "+c);
18         System.out.println("float f = "+f);
19         System.out.println("double d = "+d);
20         System.out.println("bool B = "+B);
```

```
21                System.out.println("String S = "+S);
22        }
23    }
```

请分析下面的程序，指出错误之处并修改之：

```
1   public class VarScopeTest {
2       public static void main(String args[]) {
3           int i=1;
4           {
5               int k=10;
6               System.out.println("i="+i);
7               System.out.println("k="+k);
8           }
9           System.out.println("i="+i);
10          System.out.println("k="+k);  //已出 k 的使用范围
11      }
12  }
```

2.2.2 基本类型的转换

快速复习教材 2.1.3 和 2.1.6 节的内容，观察下面程序，尝试发现其中的错误并修改之，最后通过上机来进一步核实你的发现。

```
1   public class TypeTest {
2       public static void main(String[] args){
3           byte by=1;
4
5           char ch1=70;
6           char ch2='a';
7           char ch3='ab';
8           char ch4='我';
9           char ch5=by;
10
11          short sh1='a';
12          short sh2='ab';
13          short sh3='中';
14          short sh4=by;
15
16          int int1=2;
17          int int2='c';
18          int int3='呵呵';
19          int int4=(int)5.0;
20          int int5=sh4;
21          int int6=6/7;
22          int int7=6/0;
23
24          long long1=56;
25          long long2=034;
```

```
26          long long3=0x34;
27          long long4=ox56L;
28          long long5=0x56L;
29          long long6=0X561;
30          long long7='L';
31
32          float f1=5;
33          float f2='d';
34          float f3='和';
35          float f4=sh4;
36          float f5=6.0F;
37          float f6=6.0f;
38          float f7=6e2;
39          float f8=.8;
40
41          double d1=7.9;
42          double d2=7.0d;
43          double d3=7.0D;
44          double d4=3e6;
45          double d5=.99;
46          double d6=0.99;
47          double d7=4.67E12.6;
48          double d8=1.1/0;
49      }
50  }
```

注意：第 5、8、9、11、14、22、27、29、30、38、39、48 行代码。

2.2.3　数组的使用方法

快速复习教材 2.1.7 节的内容，先观察下面的代码并尝试发现其中的错误并修改之，然后通过上机来进一步核实你的发现。

```
1  new int[]{1,2,3}[1]==2
2
3  (new int[]{1,2,3})[1]==2
4
5  (new int[5])[1]==0
6
7  {1,2,3}[1]==2
8
9  int[] i=new int[2]{5,10};
10 int i[5]={1,2,3,4,5} ;
11 int[][] i={{},new int[]};
12 int[] i[]={{},new int[2]};
13 int[] i[]={null,{1,2}};
14 int[] i[]={{1},{1,2}};
15 int[] i[]={{{1,2},{3}[0],{3}};
```

```
16   int[] i[]={{{},{3},{1}};
17   int i[][]=new int[5][];
18   int[] i,j[];
19   int[] i,j[],k[][],[][]m,[]t[];
```

练习：请读者采用数组编写一个程序，构造 Fibonacci 数列，然后与下面的参考程序比较，找出各自的优缺点（从编码规范的角度）。

```
1   public class Fibonacci {
2       public static void main(String[] args){
3           int n=100;
4           int [] a = new int[n];
5
6           /*构造数列*/
7           a[0]=1;a[1]=2;
8           for(int i=2;i<a.length;i++){
9               a[i]=a[i-1]+a[i-2];
10          }
11
12          for(int i:a)//输出结果
13              System.out.println(i);
14      }
15  }
```

上面程序正确吗？最后的输出结果为什么不合理？请分析 n 取多大才合适。这说明编程时要特别注意基本类型的数据范围。

2.2.4　方法的参数传递

快速复习教材 2.1.8 节的内容，编写一个程序用于验证方法的参数传递规则：栈 copy 传递。

问题分析：我们知道内存分为栈和堆，Java 基本类型变量和引用类型变量的值存放在栈中，而对象存放在堆中。基于这个知识点，我们就可以设计程序以验证方法的参数传递规则了。

程序设计：取一个基本类型的变量和一个引用对象变量，然后定义两个方法，把这两个变量传入后再做修改，然后输出，最后对输出的变量和传入前的变量做比较：基本类型的变量值应该没变，而引用对象的变量的值应该变化了。

编码实现：

```
1   class B {
2       int num=5;//原值
3   }
4   public class MethodParamTest {
5       public static void main(String[] args){
6           int a=2;
7           func1(a);//改变
8           System.out.println(a==2);//与原值比较
9
10          B b=new B ();
11          func2(b);//改变
12          System.out.println(b.num==5);//与原值比较
```

```
13        }
14
15      static void func1(int t){
16          t++;//改变基本类型的数据
17      }
18      static void func2(B t){
19          t.num++;//改变对象中的数据
20      }
21  }
```

问题分析、程序设计、编码实现是编程的三个步骤。许多初学者注重的往往是第三步，即一边编码一边分析、设计。这种做法使得在编写程序的时候特别慢，而且容易出错，需要反复不断地调试、修改源代码，费时费力。其根本原因就是编码之前没有进行系统的分析、规划（设计）。这是编程的方法问题，也是学习的方法问题。没有前两步，后面的编码实现就是无源之水、无本之木。因此，同学们一定要遵循这三个步骤来编程。

实训 3　package 与 import 语句

3.1　实训目的

（1）理解 package/import 包机制和 jar 文件。

（2）掌握关联编译、打包程序的编译及执行方法。

（3）加深理解环境变量 classpath 的含义与功能。

（4）进一步加强调试程序的能力。

3.2　实训案例

先做两点说明：

（1）磁盘路径的分隔符，Windows 采用 "\\"，其他操作系统（如 Linux 等）采用 "/"，在 Java 中统一用 "/" 而不必再分不同的操作系统，对 Windows 的分隔符，Java 也可以采用 "\\\\" 表示 "\\"，因为 "\\" 在 Java 中作为转义符，参见教材中的表 2.3。为此，在文中统一采用 "/"，只有在 Windows 的命令窗口中输入的命令中的路径分隔符才用 "\\"。

（2）采用符号 \$envar 代表环境变量 envar，如 \$path 表示环境变量 path。

3.2.1　关联编译

快速复习教材 1.2.3 和 2.1.11 节的内容，在命令窗口中执行如下命令：

```
mkdir d:\mydir
d:
cd mydir
```

然后在工作目录 d:/mydir/下新建两个文件 A.java 和 B.java。其内容如下：

```
1  public class A {
2      public static void main(String[] args){
3          B b=new B();
4          b.func();
5      }
6  }
1  public class B {
2      public void func(){
3          System.out.println("测试包");
4      }
5  }
```

在命令行中输入：

```
javac A.java
```

若输入代码正确，则在 D:/mydir 下产生了两个文件：A.class 和 B.class。没有编译 B.java，为什么会产生 B.class 呢？因为 A 类用到了 B 类，由于这种关联关系，所以在编译 A.java 时会自动编译 B.java，使用-verbose 这个选项就可输出编译的详细过程，verbose 的含义就是详细信息，输入如下命令：

```
javac -verbose A.java
```

会发现窗口上输出了详细的编译过程信息，请仔细观察这些信息，想想其中的道理。接下来执行命令：java -verbose A，请观察并思考输出的信息。

3.2.2　打包编译与运行

接下来的实验要使用 package/import，也就变得复杂些了。修改源代码文件，在 B.java 首行插入代码：package a.b.c;，在 A.java 首行插入代码：import a.b.c.B;。然后删除工作目录下的所有的.class 文件，重新编译 A.java，执行命令：

```
javac A.java
```

则会出现如下信息：

```
1  A.java:1: 软件包 a.b.c 不存在
2  import a.b.c.B;
3           ^
4  A.java:4: 无法访问 B
5  错误的类文件:  .\B.java
6  文件不包含类 B
7  请删除该文件或确保该文件位于正确的类路径子目录中。
8   B b=new B();
9   ^
10  2 错误
```

共 2 个错误，后一个错误是由前一个引起的。第 1、2 行提示软件包 a.b.c 不存在，第 5 行提示 B.java 错误。到这里有的同学就开始检查源代码的错误了，其实源代码是没有错误的。那是怎么回事呢？第 5 行指出了 B.java 的路径是".当前目录"，与第 1、2 行结合起来就明白了，这是告诉我们 B.java 的路径与包名 a.b.c.B 不一致，这就是编译出错的真正原因。在工作目录下建立目录 a/b/c，然后把 B.java 移动到 a/b/c 下，然后在工作目录中执行：

```
javac -verbose A.java
```

编译通过，其中部分输出信息如下：

```
1   [正在装入 .\a\b\c\B.java]
2   [解析开始时间 .\a\b\c\B.java]
3   [解析已完成时间 0ms]
4   [正在装入 java\lang\Object.class(java\lang:Object.class)]
5   [正在装入 java\lang\String.class(java\lang:String.class)]
6   [正在检查 A]
7   [已写入 A.class]
8   [正在检查 a.b.c.B]
9   [正在装入 java\lang\System.class(java\lang:System.class)]
10  [正在装入 java\io\PrintStream.class(java\io:PrintStream.class)]
11  [正在装入 java\io\FilterOutputStream.class(
12   java\io:FilterOutputStream.class)]
```

```
13   [正在装入 java\io\OutputStream.class(java\io:OutputStream.class)]
14   [已写入 .\a\b\c\B.class]
15   [总时间 329ms]
```

到 a/b/c 下就会看到已经有一个 B.class。编译通过了，下面运行一下看看有没有问题，执行命令：

```
java A
```

编译，通过。

下面把 a/b/c/B.class 移动到其他目录下，再运行命令：

```
java A
```

则出现如下错误：

```
1  Exception in thread "main" java.lang.NoClassDefFoundError: a/b/c/B
2   at A.main(A.java:4)
3  Caused by: java.lang.ClassNotFoundException: a.b.c.B
4   at java.net.URLClassLoader$1.run(Unknown Source)
5   ... 1 more
```

前三行指出了发生错误的原因及出错的位置地方，意思是 JVM 在 A.main 方法即 A.java 文件的第 4 行没有找到 a/b/c/B，第 3 行则明确指出没有找到类 a.b.c.B。这是类路径的问题，即$classpath 的问题。a/b/c/B 与 a.b.c.B 是一回事，只不过前者是文件的路径形式，后者是类的全名（含包名）形式，在 Java 程序内用的是类的全名，但最终还得落实到磁盘文件的路径上。

实际上，只要有 a/b/c/B.class，无论有或没有 a/b/c/B.java，都可以在工作目录下编译或运行 A，读者可以自己实验。

至此，可以得到这样一个结论：若类放在某个包内，则应该把该类的.java 或.class 文件放在包所对应的磁盘路径下。为了后文引用方便，称该结论为结论（1）。

例如刚才的 B 类，package a.b.c;，就应该把 B.java 或 B.class 放在 a/b/c 下。

问题：这里的 a/b/c 显然是相对工作目录而言的，若相对其他目录又会怎样呢？下面就来研究这个问题。

把 a/b/c/B.java 与目录一块移到一个目录下，不妨为 C:/test/，然后清理工作目录，只保留 A.java，再执行命令 javac A.java，则出现如下错误：

```
1  A.java:1: 软件包 a.b.c 不存在
2  import a.b.c.B;
3           ^
4  A.java:4: 找不到符号
5  符号: 类 B
6  位置: 类 A
7   B b=new B();
8  ^
9  A.java:4: 找不到符号
10  符号: 类 B
11  位置: 类 A
12   B b=new B();
13            ^
14  3 错误
```

出现了 3 个错误，后两个是由第 1 个引起的，又找不到 a.b.c.B 了。添加参数，在工作目录下执行命令：javac -cp c:\test A.java，其中-cp 是 -classpath 的缩写，也可以把-cp 替换为-classpath，这时编译通过，用 dir 命令查看一下，A.class 产生了，在 C:/test 下也生成了 B.class。然后执行命令：java A。又出问题了：

```
1  Exception in thread "main" java.lang.NoClassDefFoundError:
2  a/b/c/B
3  at A.main(A.java:4)
4  Caused by: java.lang.ClassNotFoundException: a.b.c.B
5  at java.net.URLClassLoader$1.run(Unknown Source)
6  at java.security.AccessController.doPrivileged(Native Method)
7  ... 1 more
```

找不到 B，这时自然学会使用命令：java -cp c:\test A，可是新的问题又出现了：

```
1  java.lang.NoClassDefFoundError: A
2  Caused by: java.lang.ClassNotFoundException: A
3  at java.net.URLClassLoader$1.run(Unknown Source)
4  Could not find the main class: A.  Program will exit.
5  Exception in thread "main"
```

A 又找不到了。那就执行命令：java -cp .;c:\test A。这次正确了。

至此，发现前面提出的问题：a/b/c 若相对于任何其他目录（实验中是 C:/test），结论（1）也是正确的，只不过在执行 javac 或 java 命令时要添加参数-cp，告诉 javac 或 java 要在-cp 的值中指定的路径来搜索有关的类（.class 文件），例如：

```
java -cp c:\test;. A
```

现在来分析一下该指令的执行过程：输入上面的指令并按回车键后，操作系统（以 Windows 为例，对 Linux 等其他操作系统，请读者自行调整）就会首先在$path 指定的路径中寻找 java.exe，找到后就会运行 java.exe，接着 java.exe 读入并分析字符串"-cp c:\test;. A"，提取要执行的类是 A，类搜索路径是"c:\test;."。接下来，java.exe 就先在搜索路径"c:\test"中查找 A.class 文件，没有找到，然后就在路径中继续搜索，找到 A.class 后，加载 A.class 到内存，执行 A 中的 main()方法，然后就执行里面的语句，当遇到使用 B 类时，再到-cp 指定的各路径中按先后顺序依次搜索 a/b/c/B.class（因为 A 类中使用了 import a.b.c.B），找到后停止搜索，加载 C:/test/a/b/c/B.class 文件，然后就继续执行 A.main()方法，直到结束。

在-cp 中搜索类的关键是-cp 中的路径要与类的全名（包括包名）衔接，衔接起来就找到了，否则就找不到，如 c:/test 与 a/b/c/B.class 就衔接起来了。

通过-cp 参数，java.exe 如果找到了相关的类就使用，找不到就给出"找不到"的报错信息。这样就明白了前面为什么会出现那么多的"找不到"的错误提示信息。

至此，有的读者自然会问：以前为什么没有使用-cp 参数也可以呢？那是因为以前定义的类没有打包，而默认地，-cp 的值为"."，当前目录就是命令窗口中用命令 cd 显示的路径。在终端窗口中"."表示当前目录或当前路径，".."表示上级目录或路径。"."、".."不是固定的路径，而是随着使用 cd 命令在不同的路径下切换而动态调整。package/import 是初学者的一道门槛，窗口命令也是初学者的一道门槛，若不勤练，往往会将初学者困扰较长的一段时间，为此在教材中提供了附录 B，给出了 Windows 常用的窗口命令，以供初学者参考。

3.2.3   设置 $classpath

接下来如果读者每次编译或运行 Java 程序，都要加上-cp 参数，尤其当-cp 的路径较多时，会感到非常麻烦，读者用手输入如下指令连续 10 次就体会到了：

```
javac -cp C:\test;D:\mydir;D:\mylib\tomcat\lib;E:\asc\;. A.java
```

那有没有更方便的办法呢？答案是有！JDK 提供了一个环境变量叫 classpath（Windows 上不区分大小写），请读者回顾教材 1.2.3 节的内容，就明白了那里的环境变量 classpath 为什么要那样设置。

在 Windows 2000 及以上版本的操作系统中设置环境变量有两种方法：

（1）右击"我的电脑"在弹出的菜单中单击"属性"命令，打开"系统属性"对话框，在"高级"选项卡中单击"环境变量"按钮，这样就打开了环境变量设置对话框，分上下两个列表框，在上面的列表框是用户变量，在这里设置的环境变量只对当前用户有效，切换为其他用户登录 Windows 后，原来在这里中设置的环境变量都无效了；下面的列表框是系统变量，在这里设置的环境变量对一切用户都有效，如图 3.1 所示。

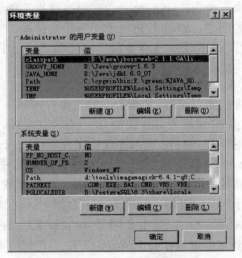

图 3.1   环境变量

在这里设置环境变量时候，千万不要把已有环境变量的值给抹掉了，只能在已有环境变量的值中添加，否则有可能引起严重的后果。

注意：采用这种方法设置环境变量后，只对新打开的命令窗口起作用。在当前命令窗口中执行编译或运行 Java 程序，发现是环境变量设置有问题，然后采用此法设置后，回到原来的命令窗口，结果发现新设置的环境变量不起作用，原因就在此！关闭原来的命令窗口，重新打开一个就可以了。

（2）在命令窗口中采用命令：

```
Set classpath=XXX;YYY;.
```

注意：采用此法设置的环境变量只对当前的命令窗口起作用，对于其他命令窗口，无论是新打开的还是已开启的，都不起作用。另外，采用此法设置的环境变量对当前窗口而言会覆盖掉在用第一种方法设置的已有的同名环境变量,覆盖掉的意思不是把第一种方法设置的环境变量的值改变了，而是用第一种方法设置的同名环境变量的值对当前命令窗口而言失效了，代替的是使用第二种方法新设的值。

3.2.4　jar 包

当开发一个 Java 产品时，必然会用到很多其他的类，而这些类有可能来自不同的开发商，那如何管理这些不同的类呢？总不能把它们放在一个个的众多的不同的目录里吧。JDK 提供了一个 jar 命令工具，可以把这些零散的类（就是指.class 文件），采用 zip 格式压缩到一个包（这里的包与 Java 代码语句 package/import 的包是不同的）里面，压缩包的后缀可以是任意的，一般常用.jar 或.zip。当然不使用 jar 命令工具，改用其他工具（如 WinZip，WinRAR，7-Zip）也可以。注意：这个压缩包名就相当于一个文件夹，在设置$classpath 时注意。

把源代码文件放到压缩包中是 JDK 不允许的。例如把 c:/test/下的 a/b/c/B.java 整个放入 t.jar 中，注意 a.b.c.B 是一个整体，不能分隔，如把 b/c/B.java 放入包中就不对了。然后执行：

```
javac -cp c:\test\t.jar;. A.java
```

编译虽然通过，但查看 C:/test/t.jar，在 jar 包中并没有生成 a/b/c/B.class，而是在当前目录下生成了 A.class 和 B.class。这说明编译器能够从 t.jar 中找到 B.java，但编译后 B.class 存放的地方不对。

把 C:/test/下的 a/b/c/B.class 整个打入 q.jar 中，执行：

```
javac -cp c:\test\q.jar;. A.java
```

这样就好了。这说明只允许把.class 连同其所在的包目录一块放入压缩包中。

3.2.5　javac 的-d 参数

到这里还有一个问题需要讨论，那就是若某源代码使用 package 关键字打包了，那么还得手工创建一系列目录，然后再把该源代码文件放入其中，就像上面的 a/b/c/B.java 一样，有没有一个更简单的办法呢？答案是有！可以使用 javac 命令的一个参数-d。例如：把 B.java 这个文件放在当前目录下，清空 C:/test 下的一切内容，然后执行：

```
java c -d c:\test B.java
```

再看看 C:/test，里面自动生成了 a/b/c/B.class。其中的-d（directory）参数含义是指定一个路径用于存放编译生成的.class 文件。

3.2.6　$classpath 中的路径有先后

接下来谈谈$classpath 中路径的先后顺序问题。搜索的顺序是从左到右，直到首次搜索到需要的类为止，一旦找到需要的类则停止继续搜索，不管找到的这个类是否是真正需要的。例如，再定义一个类 B 如下：

```
1  package a.b.c;
2  public class B {
3     public void method(){
4         System.out.println("method");
5     }
6  }
```

其包名、类名与前一个 B 完全相同，但定义的方法不同，从而该 B 不是 A 需要的。执行如下命令：

```
mkdir -p c:\dir1\dir2
javac -d c:\dir1\dir2 B.java
javac -cp c:\dir1\dir2;c:\test\q.jar;. A.java
```

第 1 条命令中的参数-p（parent）含义是在创建目录 dir2 的同时连同其父目录一块创建。第 3 条命令执行后，首先在 C:/dir1/dir2/下搜索 a/b/c/B.class 文件，找到后就不会再继续在后续的路径中搜索了，但此时搜索的 B 类显然不是 A 真正需要的，编译时就要报错了，所以在设置$CLASSPATH 时，建议把最新用到的路径添加在前面而不是后面，以防出现上述错误。

B 是辅助类，至此，辅助类的打包问题就谈完了，下面谈谈主类（即含有 main()方法的启动类）的打包问题。

3.2.7　打包主类的编译与运行

在 A.java 的首行添加代码：package c.b.a;。然后执行命令：

```
1  javac -d c:\dir1 -cp c:\test\q.jar;. A.java
2  java -cp c:\dir1;c:\test\q.jar c.b.a.A
3
4  java -cp c:\dir1\c\b;c:\test\q.jar a.A
```

注意：第 2 行命令用于执行 A，必须把 A 的包名连同 A 一块写上，否则不对。有的初学者可能尝试把 c.b.a.A 拆分为两部分，一部分放在-cp 参数路径中，另一部分放在最后，类似第 4 行指令那样，试试就知道了，这是不允许的。

至此，package/import 的实验就结束了。

实训 4　操作符与流程控制

4.1　实训目的

（1）掌握运用 Java 算术、比较、逻辑、位运算、赋值等运算符。
（2）掌握条件分支、循环、跳转等流程控制进行编程。

4.2　实训案例

4.2.1　运算符

（1）观察并分析下面代码，指出错误，分析输出结果，最后再上机验证。

```
1  public class ArithmaticTest {
2    public static void main(String[] args){
3        double d1=1 ,d2=0;
4        byte b;
5        d1=d1/d2;
6        b=(byte)d1;
7        System.out.println(b);
8
9      String s1='abc';
10      int i='d';
11      System.out.println(s1+i);
12    }
13  }
```

（2）观察下面的代码，上机实验并分析结果。

```
1  public class CompareTest {
2    public static void main(String[] args){
3        boolean b=false;
4        if(b=true){ //赋值
5            System.out.println("Hello b="+b);
6        }
7
8        b=false;
9        if(b==true){ //比较
10            System.out.println("b==true");
11        }else{
12            System.out.println("b==false");
13        }
```

```
14        }
15    }
```

该实验说明 = 与 == 虽然都可以用作条件表达式，但意义不同，故要避免第 4 行代码的用法。

（3）编写一个工具程序用于输出 int 型数据在内存中的二进制表示（补码）。

```
 1  public class BinaryOut {
 2
 3      /*把一个正的 int 型数据转换为二进制串保存在数组中并返回，
 4       * 注意返回的数组中 a[0]对应最低位，a[31]对应最高位
 5       */
 6      private static int[] positiveInt2Binary(int num){
 7          int a[] =new int[4*8];      //用 4 个字节存储一个 int 型数据
 8          int i=0;
 9          while(num>0){
10              a[i++]=num%2;
11              num=num/2;
12          }
13
14          return a;
15      }
16
17      /*工具方法，返回一个 int 型数据的补码串*/
18      public static String intToBinary(int number){
19          int[] a;
20
21          if(number<0){
22              //首先获得对应正数的二进制码
23              a=positiveInt2Binary(-number);
24
25              //然后取反
26              for(int k=0;k<a.length;k++){
27                  a[k]=a[k]==0?1:0;
28              }
29
30              //再在反码的基础上加1，得到补码
31              for(int k=0; k<a.length; ){
32                  if(a[k]+1==2 ){
33                      a[k]=0;
34                      k++;
35                  }
36                  else{
37                      a[k]=1;
38                      break;
39                  }
40              }
41          }else{
```

```
42              a=positiveInt2Binary(number);
43          }
44
45
46          /*把数组中的补码转换为字符串*/
47          String s="";
48          for(int i=a.length-1;i>=0;i--){
49              if((i+1)%8==0){
50                  s=s+" ";          //字节与字节之间加入空格，为了输出清晰
51              }
52              s=s+a[i];
53          }
54          return s;
55      }
56
57      //测试数据
58      public static void main(String[] args){
59          int i=47;
60          String s=intToBinary(i);
61          System.out.println(i+"="+s);
62          System.out.println(intToBinary(-47));
63          System.out.println(intToBinary(-47>>2));
64          System.out.println(intToBinary(-47>>>2));
65      }
66  }
```

（4）使用（3）中的工具，分析下面操作的结果：

```
int i=-200;
i>>8>>8>>8>>8;
i>>32;

i>>>5;
i<<4;

~i;
i|5;
i&5;
i^5
```

程序如下：

```
1  public class BitTest {
2      public static void main(String[] args){
3          int i=-989990;
4
5          String s=BinaryOut.intToBinary(i);
6          System.out.println(s);
7
8          System.out.println();          //输出空行
```

```
 9
10          int ii=i;
11          for(int k=0;k<4;k++){
12              s=BinaryOut.intToBinary(ii=ii>>8);
13              System.out.println(s);
14          }//for 先后共移动 32 位
15          s=BinaryOut.intToBinary(i>>32);
16          System.out.println(s);        //一次移动 32 位，结果不变
17
18          s=BinaryOut.intToBinary(i>>>5);
19          System.out.println(s);
20
21          s=BinaryOut.intToBinary(i<<4);
22          System.out.println(s);
23
24          s=BinaryOut.intToBinary('i');
25          System.out.println(s);
26          System.out.println();
27
28          s=BinaryOut.intToBinary(i);
29          System.out.println(s);
30          s=BinaryOut.intToBinary(5);
31          System.out.println(s);
32
33          System.out.println();
34          s=BinaryOut.intToBinary(i|5);
35          System.out.println(s);
36          s=BinaryOut.intToBinary(i&5);
37          System.out.println(s);
38          s=BinaryOut.intToBinary(i^5);
39          System.out.println(s);
40      }
41  }
```

4.2.2   流程控制

快速复习教材 2.3 节的内容，然后完成练习：

请使用 if－else 和 switch－case 两种方法编写程序：从键盘输入成绩（整数），把成绩划分等级（60 分以下不及格，60～69 分及格，70～79 分中，80～89 分良，90～100 分优秀)，然后输出等级。

可参考如下代码：

```
import java.util.Scanner;
Scanner sc = new Scanner(System.in);
while(sc.hasNext()){
    int i = sc.nextInt();
}
```

```
sc.close();
```

请读者先直接编写代码完成该题，再沿着问题分析、程序设计、编码实现思路来做。最后参考下面的答案，与自己的答案作比较，找出各自的优缺点。

问题分析：

（1）首先要获取键盘的输入，应该有"请输入成绩"的提示信息。

（2）获取键盘输入数据是字符串类型，故还要转换为整型，这个问题参考代码已经解决。

（3）流程分支：若采用 if－else，则还要考虑到成绩的区间分布频率，从经验来看，成绩大多数分布在 70～90 分之间，因此这一分支应该在最前面；若采用 switch－case 则要考虑如何把任意成绩映射到一个等级点上，这需要一个数学变换。

（4）最后是输出等级。

另外可能需要连续多次从键盘输入成绩进行查询，这样可采用一个 while 循环，并设置一个程序退出的标志。

这个题目虽小，可是经过这么一分析，题目所涉及的技术、思路及程序使用者的习惯都考虑进来了，也比较全面了。有了这个分析就比直接编写程序代码要好得多。

程序设计：

用 int 型变量 score 来存储从键盘输入的成绩。

分支采用两个不同的方法来实现，这样使用起来方便，方法名分别为 gradeIf(int score)、gradeSwitch(int score)。switch 的数学变换为：score/10-5，当然这个变换不是唯一的。

最后是输出等级，若在每一个分支处都使用一个输出语句，显得有些罗嗦，不如采用一个字符串变量 grade 用于存储分支中的等级结果，最后用一条输出语句，从而分支方法应该返回等级字符串 grade。

代码实现：

```
1  import java.util.Scanner;
2
3  public class Grade {
4      public static void main(String[] args){
5          System.out.print("请输入成绩(整数):");
6          Scanner sc = new Scanner(System.in);
7
8          while(sc.hasNext()){
9              int score = sc.nextInt();
10             if(score<0){
11                 sc.close();
12                 break;
13             }else{
14                 String grade;
15                 grade=gradeIf(score);
16                 System.out.println(grade);
17
18                 grade=gradeSwitch(score);
19                 System.out.println(grade);
```

```
20
21              System.out.print("请输入成绩(整数):");
22          }
23      }
24  }
25
26  public static String gradeIf(int score){
27      String grade="";
28      if(score>=70 && score <90){
29          if(score <80){
30              grade="中";
31          }else{
32              grade="良";
33          }
34      }else if(score >=90){
35          grade="优";
36      }else if(score <60){
37          grade="不及格";
38      }else{
39          grade="及格";
40      }
41      return grade;
42  }
43
44  public static String gradeSwitch(int score){
45      int i=score/10-5;
46      String grade="";
47      switch(i){
48          case 5:
49          case 4:
50              grade="优";
51              break;
52          case 3:
53              grade="良";
54              break;
55          case 2:
56              grade="中";
57              break;
58          case 1:
59              grade="及格";
60              break;
61          case 0:
62              grade="不及格";
```

```
63                break;
64            default:
65                grade="不及格";
66        }
67        return grade;
68    }
69 }
```

这个练习较综合地训练了流程控制编程：三种分支（if－else、switch、?:），两种循环（for、while）和跳转语句。上面的问题分析、程序设计只是提供了一个思路，读者还可以在这个基础上做得更好。

实训 5　类与实例对象

5.1　实训目的

（1）练习程序开发的步骤：根据业务描述来进行问题分析、程序设计和编码实现。

（2）掌握类与实例对象的思想、概念和编程方法。

5.2　实训案例

快速复习教材 3.1 和 3.2 节的内容，根据下面的案例描述自行设计并编码相关的类，完成后再与参考答案作比较。

案例描述：张三来到一个 ATM 机前准备提款，他启动程序后，程序提示输入账户和密码，张三输入后，程序对其进行验证，若不合法则要求重新输入，但最多输入 3 次，这个 3 次应该用一个常量来表示，若 3 次输入后还不正确，则退出程序，验证通过后，程序提示请选择业务：1．取款；2．查询；3．存款；4．退出。张三选择了 1，程序提示他输入取款数额，张三输入了 8000，程序提示余额不足，每次取款最多 5000，张三重新输入了 5000，程序再次提示他余额不足，并提示现在余额是 4200.34，张三又重新输入了 2500，程序提示取款成功，然后提示信息：1．继续其他业务；2．退出系统，若张三选择 1 则程序又重新给出提示信息：1．取款；2．查询；3．存款；4．退出，若选择了 2 则退出程序。

下面是参考答案。

5.2.1　问题分析

（1）张三是一个个体，作为一个银行系统，其服务对象除了张三外，应该还有很多其他人，故需要从张三这个个体归纳抽象出一个类 BankUser，代表银行的一类用户。那应该从张三那里抽取哪些特征放入类 BankUser 中呢？这要看张三后面的行为涉及什么。他启动程序后，要求选择业务，这与张三这个个体没有关系，而后面要求输入账户和密码，以及后面的存款余额才是与张三有关的，而这些信息不光与张三有关，与其他用户也有关系，这样就得到了类 BankUser 的属性：账户、密码、余额。

（2）程序提示选择 4 项业务，显然采用选择分支处理，每个分支设计一个方法来实现，其方法分别设为 withdraw、inquiry、deposit、exit，因为业务是用户的业务，故这些方法就是类 BankUser 的方法。

（3）用户启动程序后要求输入账户和密码，输入并按回车键提交后，进行账户和密码的安全检查（校验），这涉及了封装的作用，一般来说连续校验三次都不对，则自动退出程序。

（4）校验通过后，若是取款业务，则要求输入取款额，然后检查取款额是否大于限额和余额，这里又出现一个新数据"限额"，因此 BankUser 类中再添加限额属性 MAX。若取款额大于限额或余额，则给出提示信息，并要求重新输入余额，然后重复，否则，执行取款业务。

（5）其余的查询余额和存款业务，请读者类比上面的分析，自行分析练习。

5.2.2　程序设计

基于上面的分析，进行简单设计，就得到了程序的代码框架，如下：

```
class BankUser{
    String account;
    String password;
    String name;
    double balance;

    int MAX=5000;
    int TIMES=3;

    withdraw(int num); //取款
    inquiry();         //查询
    deposit(int num);  //存款
    exit();            //退出
}
```

设计的程序流程如图5.1所示。

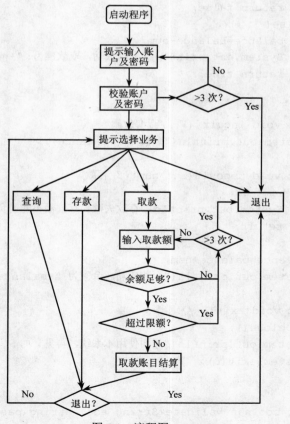

图 5.1　流程图

5.2.3　代码实现

```java
1   import java.util.Scanner;
2
3   public class BankUser{
4       private String account="200910123";        //账户
5       private String password="123654";
6       private String name="张三";
7       private double balance=4200.34;             //余额
8
9       private double MAX=5000;                     //限额
10      private int TIMES=3;                         //重复次数
11
12      private Scanner sc=new Scanner(System.in);
13      public boolean withdraw(int num){//取款
14          if(num > MAX){
15              System.out.println("每次取款不能超过"+MAX);
16              return false;
17          }else if(num>balance){
18              System.out.println("余额不足，余额为 "+balance);
19              return false;
20          }else{
21              balance=balance-num;
22              System.out.println("取款成功，取款额为："+num+"余额为 "+balance);
23              return true;
24          }
25      }
26      public void inquiry(){//查询余额
27          System.out.println("余额为 "+balance);
28      }
29      public void deposit(int num){//存款
30          if(num<=0){
31              System.out.println("存款失败，存款额不能为负值！");
32              return;
33          }
34          balance=balance+num;
35          System.out.println("存款成功。余额为 "+balance);
36      }
37      public void exit(){//退出
38          sc.close();
39          System.out.println("谢谢使用本系统，再见！");
40          System.exit(0);
41      }
42
43      public boolean validate(String acc, String pass){
44          return account.equals(acc)&& password.equals(pass);
```

```
45        }
46
47    public void start(){
48        int i=0;
49        do{
50            System.out.println("请输入账户:");
51
52            String a=sc.nextLine();
53            System.out.println("请输入密码:");
54            String p=sc.nextLine();
55
56            if(validate(a,p)){//通过安全验证
57                break;
58            }else{
59                i++;
60            }
61        }while(i<TIMES);
62
63        if(i>=TIMES){
64            exit();
65        }
66
67        boolean notExist=true;
68        while(notExist){
69            System.out.println("请选择业务：1.取款；2.查询；3.存款；4.退出");
70            int kind=sc.nextInt();    //选择业务
71
72            switch(kind){
73                case 1:                    //取款
74                    i=0;
75                    while(i<TIMES){
76                        System.out.println("请输入取款余额(整数):");
77                        int balance=sc.nextInt();
78
79                        if(withdraw(balance)){//取款成功
80                            break;
81                        }else{
82                            i++;
83                        }
84                    }
85
86                    if(i>=TIMES){
87                        exit();
88                    }
89                    break;
90
```

```
91              case 2:
92                  inquiry();
93                  break;
94
95              case 3:
96                  System.out.print("请输入存款额(整数):");
97                  deposit(sc.nextInt());
98                  break;
99
100             case 4:
101                 exit();
102             }
103
104             System.out.println("\n\n 请选择：1.继续其他业务；2.退出系统");
105
106
107             if(sc.nextInt()==2){
108                 exit();
109             }
110         }
111     }
112
113
114
115     public static void main(String[] args){
116         new BankUser().start();
117
118     }
119 }
120
```

实训 6 类的封装与继承

6.1 实训目的

（1）理解物理世界和面向对象编程中的封装和继承思想。

（2）掌握封装和继承在 Java 中的语法规则和结论，并灵活运用进行编程。

6.2 实训案例

快速复习教材 3.3 和 3.4 节的内容，自行编程验证下列结论：

（1）private 修饰的成员只能在同类的内部被访问；private 成员不能被继承。

（2）默认访问修饰符的成员只能被同包下的类来访问。

（3）protected 只能修饰成员属性或方法，不能修饰类；protected 成员可以被同包下其他类访问，也可以被不同包下的子类访问。

（4）类的继承只允许单继承。

（5）构造方法不允许被继承。

读者自行编程反复调试、运行后再与下面的程序作对照，以找出各自的优缺点。

6.2.1 验证结论（1）

首先验证：private 成员只能在同类的内部被访问。

分析：要验证该结论需要从正、反两面来进行。先从类的内部来访问，这是允许的，再从类的外部来访问，这是不允许的。从而验证程序如下：

```
1  class PrivateTest{
2    private String s="abc";
3    private void access(){
4        System.out.println(s);        //从内部访问，合法
5    }
6
7    public void f1(){
8        System.out.println(s);
9        access();
10   }
11
12   public void f2(PrivateTest t){
13       String ss=t.s;                //从内部可以直接访问：t.s
14       System.out.println(ss);
15   }
```

```
16
17       public void setS(String ps){
18           s=ps;
19       }
20
21  }
22
23  class T{
24       public static void main(String[] args){
25           PrivateTest t = new PrivateTest();
26           t.f1();
27           t.s;          //从外部访问，非法
28
29           t.setS("def");
30           new PrivateTest().f2(t);
31       }
32  }
```

其次验证：private 成员不能被继承。

```
1  class A{
2       private String s="abc";
3       private void func(){
4           System.out.println("This is a private method.");
5       }
6  }
7
8  class B extends A{
9       public void fB(){
10          System.out.println(s);
11          func();
12      }
13      public static void main(String[] args){
14          new B().fB();
15      }
16  }
```

编译出错：

```
1  PrivateInherit.java:10: s 可以在 A 中访问 private
2   System.out.println(s);
3                      ^
4  PrivateInherit.java:11: 找不到符号
5  符号：方法 func()
6  位置：类 B
7   func();
8   ^
9  2 错误
```

注意：从上面的编译出错信息第 1 行可推知：A、B 类的源代码是放在了一个文件
PrivateInherit.java 中的。

6.2.2 验证结论（2）

分析：要验证这条结论，仍需要从正、反两面来验证。先从同包下的类的来访问，这是允许的，再从异包下的类来访问，这是不允许的。

正面验证程序如下：

```
1  package pack;
2
3  class A {
4      String s="abc";
5      void funA(){
6          System.out.println("A class");
7      }
8  }
9
10 class B {
11     void func(){
12         A a = new A();
13         String str = a.s;
14         a.funA();
15     }
16
17     public static void main(String[] args){
18         new B().func();
19     }
20 }
21
```

A、B 在同包 pack 下，编译、运行通过。这从正面验证了结论。

下面从反面来验证：

把 A、B 两个类放到不同的包中，则编译失败，该步操作请读者自己进行。

6.2.3 验证结论（3）

结论（3）可以等价拆分为如下问题：

protected 是否能够修饰类？

protected 修饰的成员是否可以被同包下的类访问？

protected 修饰的成员是否可以被异包下的子类访问？

首先验证：protected 是否能够修饰类。

```
1  protected class ProtectedClass {
2  }
```

编译出错：

```
1  ProtectedClass.java:1: 此处不允许使用修饰符 protected
2  protected class ProtectedClass {
3          ^
4  1 错误
```

这说明 protected 不能修饰类。

其次验证：protected 修饰的成员是否可以被同包下的类访问。

修改 6.2.2 节中的 A、B 类：把其方法和属性都用 protected 修饰，编译、运行正确，该步操作请读者自行实验，这说明 protected 成员可以被同包下其他类方法访问。

最后验证：protected 修饰的成员是否可以被异包下的子类访问。

接下来继续修改源代码，把 A、B 放入不同的包（但 A、B 之间不具有继承关系），如下：

```
1  package pa;
2
3  public class A {//A.java file
4      protected String s="abc";
5      protected void funA(){
6          System.out.println("A class");
7      }
8  }
9

1  package pb;
2
3  import pa.A;
4
5  public class B {//文件 B.java
6      void func(){
7          A a = new A();
8          String str = a.s;  //错误
9          a.funA();       //错误
10     }
11
12     public static void main(String[] args){
13         new B().func();
14     }
15 }
```

注意：先编译 A.java，再编译 B.java，则出错：

```
1  B.java:8: s 可以在 pa.A 中访问 protected
2   String str = a.s;  //error
3                ^
4  B.java:9: funA() 可以在 pa.A 中访问 protected
5   a.funA();      //error
6   ^
7  2 错误
```

编译信息说明不允许访问不同包下的 protected 成员。

下面让异包下的 A、B 具有继承关系：

继续修改源代码，令放入不同包的 A、B 类具有继承关系，这是 B 继承了 A 中的 protected 成员，故可在 B 中直接访问，代码如下：

```
1  package pa;
2
```

```
3 public class A {//A.java file
4     protected String s="abc";
5     protected void funA(){
6         System.out.println("A class");
7     }
8 }
9
1 package pb;
2
3 import pa.A;
4
5 public class B extends A{//文件B.java
6     void func(){
7         String str = s;
8         funA();
9     }
10
11    public static void main(String[] args){
12        new B().func();
13    }
14 }
```

再编译、运行，则通过。

6.2.4　验证结论（4）

单继承的正面验证在上例中已经有了，下面只从反面来验证：

```
1 class A {}
2 class B {}
3
4 public class MultiInherit extends A,B { }
```

编译错误：

```
1 MultiInherit.java:4: 需要 '{'
2 public class MultiInherit extends A,B { }
3                                   ^
4 1 错误
```

这说明 Java 类不允许多继承。

6.2.5　验证结论（5）

构造方法的继承结论只能通过反面来验证了：

```
1 class A{
2     public A(){
3         System.out.println("A");
4     }
5 }
6
7 public class B extends A{
```

```
8      public static void main(String[] args){
9          new B().A();
10     }
11  }
```

编译错误：

```
1  B.java:9：找不到符号
2  符号：方法 A()
3  位置：类 B
4    new B().A();
5             ^
6  1 错误
```

至此，本实训就结束了，教材 3.4 节中关于继承还有一个结论：不管父类是否是 abstract 类，子类可以声明为 abstract 类，同样，父类中的方法不管是否是 abstract 方法，在子类中都可以把该方法声明为 abstract 方法。在后文学习了抽象类之后（3.6 节），请读者自行设计程序来验证该结论。最后请读者自行总结一下本实训。

实训 7　类的多态

7.1　实训目的

（1）理解物理世界和面向对象编程中的多态思想。

（2）掌握多态在 Java 中的语法规则和结论，并灵活应用进行编程。

7.2　实训案例

快速复习教材 3.5 节的内容，自行编程验证下列结论：

（1）重载方法对修饰符列表、返回类型是否相同均不作要求，区别仅仅在于参数列表。

（2）在一个重载方法内可以直接调用另外一个重载方法，但重载的构造方法则不能直接调用，必须使用 this。

（3）被覆盖的方法名、返回类型、参数列表必须相同。

（4）对覆盖而言，子类方法的访问修饰符≥父类方法的访问修饰符。

（5）父类中的覆盖方法的修饰符不能是 final、static。

读者自行编程反复调试、运行后再与下面的程序作对照，以找出各自的优缺点。

7.2.1　验证结论（1）

该结论需要从方法的修饰符（包括访问修饰符和其他修饰符）列表的相同与不同、返回类型的相同与不同、参数列表的相同与不同三个方面来验证。

```
1  class A{
2    public void func(int a){}//原方法
3
4    /* 下面都是不正确的重载*/
5
6    public String func(int a){//返回类型不同
7       return null;
8    }
9    protected void func(int a){}//访问修饰符号不同
10
11   int func(int b){//行参不同,返回类型不同
12      return 0;
13   }
14
15   /*下面是正确的重载*/
16
```

```
17    void func(long a){}
18    private int func(String s){
19        return 0;
20    }
21 }
```

编译出错：

```
1  OverloadModify.java:6: 已在 A 中定义 func(int)
2   public String func(int a){//返回类型不同
3               ^
4  OverloadModify.java:9: 已在 A 中定义 func(int)
5   protected void func(int a){}//访问修饰符号不同
6               ^
7  OverloadModify.java:11: 已在 A 中定义 func(int)
8   int func(int b){//行参不同，返回类型不同
9          ^
10  3 错误
```

7.2.2　验证结论（2）

下面来验证结论（2）。

```
1  class A{
2      void func(){
3          func("abc");
4      }
5      void func(String s){
6          System.out.println(s);
7      }
8
9      A(){
10         A("sss");
11         //把该方法当作非构造方法，即一般的功能方法来调用
12         //修改方式有两种：定义有关功能方法 void A(String s){}
13         //或改为这样调用 this.A("sss");
14     }
15
16     A(String s){
17         System.out.println(s);
18     }
19 }
```

编译出错：

```
1  OverloadConstructor.java:10: 找不到符号
2  符号：方法 A(java.lang.String)
3  位置：类 A
4   A("sss");
5   ^
6  1 错误
```

7.2.3　验证结论（3）

```
1   class A{
2       String str="A";
3       protected void func(String s){
4           System.out.print(s);
5           System.out.println("\t"+str);
6       }
7   }
8
9   class B extends A{
10      String str="B";
11      public void func(String a){
12          System.out.print(a);
13          System.out.println("\t"+str);
14      }
15
16      public static void main(String [] a){
17          new B().func("Hello");
18      }
19  }
```

该程序编译运行正确，输出结果为：Hello B。

把 B 中的方法名修改为 func2，其他不变，则输出结果为：Hello A。对于该步骤，读者自行实验。这说明 func2 没有覆盖 A.func()，在 B 中它们是两个不同的方法。这说明重载的方法必须名字相同。

接下来，修改子类中的方法的返回类型，使之与父类中方法的返回类型不同，则编译出错：

```
1   O2.java:12: B 中的 func(java.lang.String)无法覆盖 A 中的
2   func(java.lang.String)；正在尝试使用不兼容的返回类型
3   找到: int
4   需要: void
5    public int func(String a){
6                ^
7   1 错误
```

从而验证了覆盖方法的返回类型必须相同的结论。

对于参数列表也必须相同的结论，请读者自行修改上面的程序以进行验证，修改 B 中方法的参数列表后，编译运行都正常，没有报错，但这样 A.func()被继承到 B 中，然后与修改参数后的 func() 形成重载，而不再是覆盖了。

7.2.4　验证结论（4）

对于结论（4），需要从 >、=、< 三个方面来验证。

```
1   class A{
2       String str="A";
3       protected void func(String s){//protected
4           System.out.print(s);
```

```
5            System.out.println("\t"+str);
6        }
7    }
8
9    class B extends A{
10       String str="B";
11       public void func(String a){//public > protected
12           System.out.print(a);
13           System.out.println("\t"+str);
14       }
15
16       public static void main(String [] a){
17           new B().func("Hello");
18       }
19   }
1    class B extends A{
2        String str="B";
3        protected void func(String a){//protected = protected
4            System.out.print(a);
5            System.out.println("\t"+str);
6        }
7
8        public static void main(String [] a){
9            new B().func("Hello");
10       }
11   }
1    class B extends A{
2        String str="B";
3        void func(String a){//default < protected
4            System.out.print(a);
5            System.out.println("\t"+str);
6        }
7
8        public static void main(String [] a){
9            new B().func("Hello");
10       }
11   }
```

前两个程序都是正确的，但最后一个编译出错：

```
1   O5.java:3: B 中的 func(java.lang.String)无法覆盖A中的
2   func(java.lang.String)；正在尝试指定更低的访问权限；
3   为 protected
4    void func(String a){//default < protected
5            ^
6   1 错误
```

7.2.5 验证结论（5）

把 A 中的方法加入 final 修饰符，则编译出错：

```
1  O6.java:11: B 中的 func(java.lang.String)无法覆盖 A 中的
2  func(java.lang.String)；被覆盖的方法为 final
3   public void func(String a){
4                  ^
5  1 错误
```

把 A 中的方法的修饰符换为 static：

```
1  class A{
2      static String str="A";
3      protected static void func(String s){//static
4          System.out.print(s);//注意 str 也为 static
5          System.out.println("\t"+str);
6      }
7  }
8
9  class B extends A{
10     static String str="B";
11     public void func(String a){
12         System.out.print(a);//注意 str 也为 static
13         System.out.println("\t"+str);
14     }
15
16     public static void main(String [] a){
17         new B().func("Hello");
18     }
19 }
```

则编译出错：

```
1  O7.java:11: B 中的 func(java.lang.String) 无法覆盖 A 中的
2  func(java.lang.String)；被覆盖的方法为 static
3   public void func(String a){
4                  ^
5  1 错误
```

上面的实验验证了覆盖方法的一些结论。覆盖除了方法的覆盖外，还有成员属性的覆盖，请读者参考教材本部分中给出的代码，自行设计程序验证教材中的如下结论：

（1）成员变量可以被覆盖。

（2）若直接访问发生覆盖的成员变量，则只能访问引用类型的成员变量。

（3）若通过发生覆盖的方法来访问发生覆盖的成员变量，则访问的成员变量和方法属于同一个对象。

注意：等学完教材第 5 章（异常处理）后，请读者自行设计程序验证如下结论：

① 重载方法对抛出的异常类型是否相同不做要求。

② 子类中的覆盖方法的抛出异常不能是父类被覆盖方法抛出异常的子孙类，只能是其祖先或相同类型的异常。子类中的覆盖方法也可以不抛出异常，尽管父类中的被覆盖方法抛出了异常。

通过该实训以及教材 3.5 节中的知识，请读者总结一下重载与覆盖的异同点，以及使用重载和覆盖进行编程应该注意的事项。

实训 8　接口与抽象类

8.1　实训目的

（1）理解接口与抽象类的思想。

（2）掌握接口和抽象类在 Java 中的语法规则和结论，灵活运行进行编程。

8.2　实训案例

快速复习教材 3.6 节的内容，通过编程验证如下结论：

（1）接口中的属性默认为 static 和 final，方法默认为 abstract。

（2）接口中的成员不允许为 private，默认为 public。

（3）接口允许多继承。

（4）抽象类中可以没有抽象方法。

（5）含有抽象方法的类必须声明为抽象类。

（6）抽象类与非抽象类具有相同的继承规则和 Java 接口实现规则。

8.2.1　验证结论（1）

输入程序：

```
1  public interface IField {
2      int t=1;
3  }
4
5  class T implements IField {
6      /*
7      public void test(){
8          t=10;    //若该行可以正确执行，则说明 t 不是被 final 修饰的
9      }*/
10     public static void main(String[] args){
11         System.out.println(IField.t);
12         //可以直接访问，说明 t 是被 static 修饰的
13         // new T().test()
14     }
15 }
```

编译运行正确，说明成员变量 t 可以直接通过接口名来访问，说明 t 是被 static 修饰的。

去掉 6～9 行的注释，存盘然后编译，出错信息如下：

```
IField.java:8: 无法为最终变量 t 指定值
```

```
t=10;    //若该行可以正确执行，则说明 t 不是 final 的
    ^
1 错误
```

出错信息中已经指出 t 是最终变量，即是被 final 修饰的。

修改该程序，添加方法：

```
String f();
```

然后编译，没有报错，这说明这样声明方法是正确的。

接下来为该方法添加修饰符 abstract。然后再编译，也没有报错。这说明有无 abstract 对方法的声明来说都是一样的。

8.2.2　验证结论（2）

给上面程序的属性和方法添加访问修饰符 private，再编译，则报错：

```
1  Imember.java:2: 此处不允许使用修饰符 private
2  private int t=1;
3              ^
4  Imember.java:3: 此处不允许使用修饰符 private
5  private String f();
6            ^
7  2 错误
```

这说明接口的成员不允许使用 private 修饰。

去掉该程序中的 private 修饰符，然后添加一个实现类，如下：

```
1  interface Imember{
2      int t=1;
3      String f();
4  }
5
6  class ImemberImpl implements Imember{
7      String f(){
8          return "abc";
9      }
10 }
```

编译报错：

```
1  Imember.java:7: ImemberImpl 中的 f() 无法实现 Imember 中的 f();
2  正在尝试指定更低的访问权限；为 public
3  String f(){
4            ^
5  1 错误
```

这说明接口的成员方法默认的访问修饰符为 public。

8.2.3　验证结论（3）

下面来验证结论（3）。输入程序：

```
1 interface IA {
2      void fa();
```

```
3  }
4  interface IB {
5      void fb();
6  }
7  interface IC extends IA, IB {//接口间的多继承
8      void fc();
9  }
10
11 class CA implements IA {//一个类实现了一个接口
12     public void fa(){     //注意:这里必须使用 public
13         System.out.println("IA-CA");
14     }
15 }
16
17 class CC implements IA, IB{//一个类实现多个接口
18     public void fa(){
19         System.out.println("IA-CC");
20     }
21     public void fb(){
22         System.out.println("IB-CC");
23     }
24 }
25
26 public class Iextends {//测试
27     public static void main(String[] args){
28         new CA().fa();
29         CC c=new CC();
30         c.fa();
31         c.fb();
32     }
33 }
```

编译、运行正确，从而验证了结论（3）。

8.2.4　验证结论（4）

设计如下程序：

```
public abstract class Ac {
    void f(){//方法的空实现
    }
}
```

编译通过，从而验证了结论（4）。

8.2.5　验证结论（5）

设计如下程序：

```
1  public class Ac {
2      abstract void f();
```

```
3  }
```

编译出错：

```
1  Ac.java:1: Ac 不是抽象的，并且未覆盖 Ac 中的抽象方法 f()
2  public  class Ac {
3           ^
4  1 错误
```

由出错信息可知：结论（5）成立。

抽象类是处于类和接口之间的中间情况，可以这样理解，抽象类是一种特殊的类，在抽象类之间、抽象类和非抽象类之间的继承遵循单继承原则，抽象类可以实现一个或多个接口。

理解了抽象类的这层含义，就不难设计程序来验证结论（6）了，留作练习。

实训 9　引用类型的类型转换

9.1　实训目的

（1）结合基本类型的类型转换，掌握引用类型的类型转换规则。
（2）综合掌握面向对象程序的设计与实现的思想、方法和步骤。

9.2　实训案例

快速复习教材 3.4～3.7 节的内容，完成如下内容。

9.2.1　验证引用类型的类型转换结论

引用类型的类型转换可以概括为：引用对象的类型转换只允许在具有继承关系（extends）或实现关系（implements）的类型之间发生。

引用对象的类型转换只允许在具有继承关系（extends）或实现关系（implements）的类型之间发生，即只允许在该对象及其祖先类型之间进行类型转换。因此可以设计如图 9.1 所示的接口和类。然后创建 C 对象，让其在接口 IA、IB，类 A、B 之间进行类型转换，这是正确的，而与 D 类型进行转换则出错。具体程序如下：

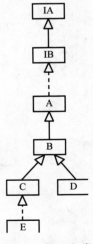

图 9.1　接口和类

```
1  interface IA{
2      public void f();
3  }
4
```

```
5   interface IB extends IA{
6       public void g();
7   }
8
9   class A implements IB{
10      public void print(String s){
11          System.out.println(s);
12      }
13      public void f(){
14          print("A.f()");
15      }
16      public void g(){
17          print("A.g()");
18      }
19  }
20
21  class B extends A{
22  }
23
24  class C extends B{
25      public void f(){
26          print("C.f()");
27      }
28      public void g(){
29          print("C.g()");
30      }
31  }
32
33  class D extends A{
34      public void f(){
35          print("D.f()");
36      }
37      public void g(){
38          print("D.g()");
39      }
40  }
41
42  class E extends C{
43      public void f(){
44          print("D.f()");
45      }
46      public void g(){
47          print("D.g()");
48      }
49  }
50
```

```
51  public class ConvertRef {
52     public static void main(String [] args){
53         C c=new C();
54         c.f();
55
56         B b =c;
57         b.f();
58
59         A a=c;
60         a.f();
61
62         IB ib=c;
63         ib.f();
64
65         IA ia=c;
66         ia.f();
67
68         b=(B)ia;
69         b.f();
70
71         c=(C) ia;
72         c.f();
73
74         D d=(D)ia;//错误，因为 ia 指向的对象是 C
75
76         E e=(E)ia;//错误，因为 E is C，但反之不对
77
78     }
79  }
```

该程序编译没有问题，但运行有问题：

```
Exception in thread "main" java.lang.ClassCastException: C cannot be cast to D
at ConvertRef.main(ConvertRef.java:74)
```

注意代码第 74 行，C 与 D 是兄弟关系，故不能在它们之间进行类型转换，第 76 行，虽然 C 与 E 具有继承关系，但 E 不是 c 的祖先类型，故也不能在它们之间进行类型转换。

9.2.2　面向对象程序的设计与实现

某企业的雇员分为以下三类：

（1）每月拿固定工资的员工（如管理人员），根据级别（暂定为 5 级）拿不同的月薪，一级月薪 5000，其余各级依次减 1000。

（2）按生产的工件数量拿工资的员工（如生产工人），每月工件定额为 200 件，200（含）件内每件 10 元薪资，200 件以上部分追加系数 0.5。

（3）销售人员，工资由月销售额和提成率（暂定为 10%）决定。

试写一个程序，打印出某月每个员工的工资数额。

先来分析一下业务：该业务说明该企业有三类员工，每类员工的工资计算方法都不同，

最后要求打印某月每个员工的工资数额。很显然，三类不同的员工是三种不同的表现形式，他们都是该企业的员工。因此应该定义三个不同的员工类别，并对这三个类别进行抽象形成一个抽象的接口或者类。那么到底是抽象为接口还是抽象类呢？因为要打印每个员工的工资，所以必须有一个员工的标识：姓名或者身份证号或者员工编号。由于姓名存在重名现象，所以不宜采用姓名作为员工的标识，但姓名使用起来很方便，因此可以把身份证号和姓名一同抽象到上层中，故采用抽象类比较合理（若没有属性只有功能方法的抽象则使用接口比较合理）。其与三个员工类别之间是本质与表象的关系。程序的最终目的是打印每个员工的工资，因此还需要一个执行打印任务的类。

基于上述分析，设计的类如图 9.2 所示，注意构造方法一般不在类图中标出。

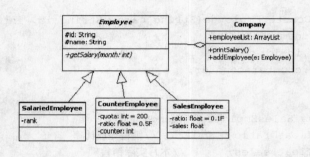

图 9.2　类图

类的实现代码如下：

```
1   public abstract class Employee {
2       protected String id;
3       protected String name;
4       public abstract float getSalary(int month);
5   }
1   public class SalariedEmployee extends Employee {
2       private int rank;        //拿固定工资的员工的级别
3
4       public float getSalary(int month) {
5           if (rank <= 0){
6               return 0.0F;
7           }else{
8               return (6-rank)*1000F;
9           }
10      }
11
12      public SalariedEmployee(String name, String id, int rank){
13          this.name=name;
14          this.id=id;
15          this.rank=rank;
16      }
17  }
1   public class CounterEmployee extends Employee {
```

```
2        private int quota = 200;          //工件的限额
3        public float ratio = 0.5F;       //超额完成的增加系数
4        private int counter;             //员工本月完成的工件数
5
6        public float getSalary(int month) {
7            if (counter <= 0) {
8                return 0F;
9            }else{
10               return counter>quota? (1+ratio)*10F*counter: 10F*counter;
11           }
12       }
13
14       public CounterEmployee(String name, String id, int counter){
15           this.name=name;
16           this.id=id;
17           this.counter=counter;
18       }
19   }
1    public class SalesEmployee extends Employee {
2        public float ratio = 0.1F;       //销售提成比率
3        public float sales;              //本月实际销售额
4
5        public float getSalary(int month) {
6            return sales*ratio;
7        }
8
9        public SalesEmployee(String name, String id, float sales){
10           this.name=name;
11           this.id=id;
12           this.sales=sales;
13       }
14   }
1    import java.util.*;
2    /* Company 只使用抽象的 Employee 类，Employee 属于本质
3     * 具体的员工类（如 SalariedEmployee 等）属于表象，不管表象如何变化，
4     * 即具体的员工类如何增多或减少变化，都不会影响这里的代码，
5     * 这就是透过现象抓本质，以不变应万变的具体应用
6     */
7    public class Company {
8        //这里用到了集合类，可参见教材第 8 章，
9        //也可以使用 Employee 数组代替，只是不如集合类好而已
10       //public Employee[] employeeArray;
11       public ArrayList<Employee> employeeList;
12
13       public void printSalary() {
14           for(Employee e: employeeList){
```

```
15                System.out.println(e.id+", "+e.name+", "+e.getSalary(12));
16        }
17    }
18
19    public Company(){
20        employeeList=new ArrayList<Employee>();
21    }
22
23    public void addEmployee(Employee e){
24        employeeList.add(e);
25    }
26 }
```

下面是一个测试类：

```
1  public class CompanyTest {
2     public static void main(String args[]){
3        Company com = new Company();
4
5        Employee e = new SalariedEmployee("张三","121323323",2);
6        com.addEmployee(e);
7
8        e = new SalariedEmployee("周六","78634",4);
9        com.addEmployee(e);
10
11        e = new CounterEmployee("李四","823421412",300);
12        com.addEmployee(e);
13
14        e = new SalesEmployee("王五","345353345",80000000000.88F);
15        com.addEmployee(e);
16
17        com.printSalary();
18    }
19 }
```

注意：上述方法 getSalary(int month) 中的参数 month 没有用到，这是因为这个程序中的数据是直接在测试程序中给出的，员工绩效记录的实际情况应该是按照月份存放在数据库记录中，所以这里虽然没有用到参数 month，但还是保留了。

开发该程序有一个显著的特点，就是在业务中并没有给出抽象类 Employee，而是只给出了三个具体的员工类别，通过分析得知需要抽象出一个抽象类，这是由下而上的、由表象到本质的一个抽象过程，然后在 Company 类中使用这个抽象类，这样当员工的类别由三个变为四个、五个……时，根本不需要修改 Company 中的代码，只需要简单地定义一个新的员工类别以继承抽象类 Employee 即可，这是一个由上而下、由本质到表象的一个过程。本质与表象实际上就是一上一下的两个过程，也就是透过现象抓本质，以不变应万变。

抽象类或接口是不能被实例化的，因此在使用本质的时候，本质必须与具体的表象相关联，这就必须要使用 Java 引用类型的自动提升，例如测试类代码中的：

```
Employee e = new SalariedEmployee("张三","121323323",2);
```

```
e = new SalariedEmployee("周六","78634",4);
e = new CounterEmployee("李四","823421412",300);
e = new SalesEmployee("王五","345353345",80000000000.88F);
```

这是一个上的过程。

而在 Company.printSalary() 中调用本质的方法 Employee.getSalary(int month)，实际上是转化为调用具体的表象类实例对象的方法，这是一个下的过程。

其实本质与表象的关系在 Java 中还有一个体现，那就是类与对象实例的关系，类是对众多实例对象的抽象，是本质的、抽象的、不变的，而实例对象则是表象，是现象的、具体的、千变万化的。例如 SalariedEmployee 类可以产生很多不同的实例对象：张三、周六等。这里还是一个一上一下的过程。

面向对象的三个基本特征（封装、继承和多态）是至关重要的，它是宇宙万物的基本特征，必须好好的深入理解，只有这样才能真正通透的理解、掌握面向对象编程的思想和精髓。

封装就是为了起到保护作用，增强自身的独立性；继承就是为了提高发展的速度和质量；而多态就是要以不变应万变。

多态实质上就是本质与现象的关系，就是一上一下的过程，就是归纳与演绎。按照这种认识，我们就很容易看清楚：类与对象实例、祖先类与多个子类、接口与多个实现（implements）类（包括抽象的实现类），都属于多态的范畴，只是它们的范围、层面由小到大而已。类与对象实例是在同一个类别与不同个体之间的层面上，而祖先类与子类则是在一个大的类别与子类别之间的层面上，显然这个层面要大于前者。按照这种认识，还可以继续往更大的层面上推广，原理是一样的，读者可以了解一下近年来发展的面向方面（aspect）编程就明白了，其实面向方面编程也还可以向更大的层面上继续推广，原理是不变的。

实训 10　异常处理

10.1　实训目的

（1）掌握异常的处理机制和编程方法与技巧。
（2）掌握 try－catch－finally 代码块的执行顺序。
（3）掌握调用方法与被调用方法之间的异常处理链条。

10.2　实训案例

快速复习教材第 5 章的内容，完成下面的内容。

10.2.1　多个 catch 块

给定一个整数数组{1,2,3}，请设计一个程序用于测试：
（1）数组越界访问抛出的异常 ArrayIndexOutOfBoundsException。
（2）数组中的某个元素被 0 整除抛出的异常 ArithmeticException，并思考在 catch 块中捕捉这两种异常的先后顺序。
参考程序如下：

```
1  import java.util.*;
2  import java.io.*;
3
4  public class CatchTest {
5     static void print(String s){
6         System.out.println(s);
7     }
8
9     /**
10     * 使用控制台类（Console）从控制台中读取字符串<br/>
11     * 适用于 JDK 1.6 或以后的版本
12     * @param prompt 提示信息
13     * @return 输入的字符串
14     */
15    static String readString(String prompt) {
16      Console console = System.console();
17      if (console == null) {
18          print("不能使用控制台");
19          System.exit(0);
```

```
20            }
21        return console.readLine(prompt);
22    }
23
24
25    public void func(){
26        int [] a={1,2,0};
27        for(int i=0; i<2; i++){
28            String prompt;
29            if(i==0){
30                prompt="请输入一个大于 4 的整数：";
31            }else{
32                prompt="请输入整数零：";
33            }
34            String input=readString(prompt);
35            int k=Integer.parseInt(input);
36            try{
37                int ex=a[k];
38                int m=ex/k;
39
40            }catch(ArrayIndexOutOfBoundsException e){
41                print("数组越界访问异常");
42                print(e.getMessage());
43
44            }catch(ArithmeticException e){
45                print("除数为 0");
46                print(e.getMessage());
47
48            }
49        }
50    }
51
52    public static void main(String[] args){
53        new CatchTest().func();
54    }
55 }
```

　　分析由于 ArrayIndexOutOfBoundsException 与 ArithmeticException 之间并不存在直接或间接的继承关系，所以在 catch 块中谁在前谁在后没有关系。若多个 catch 块的异常类型直接存在继承关系，则子类型在前，父类型在后。

10.2.2　异常处理链

仔细阅读并实验下面的程序代码，然后分析其异常的处理链条。

```
 1 public class ExceptionLinkTest{
 2    void func1(int k) throws Exception{
```

```
3          func2(k);
4      }
5
6      void func2(int k) throws Exception{
7          func3(k);
8      }
9
10     void func3(int k) throws Exception{
11         if(k==3)
12             throw new Exception("Hello");
13     }
14
15     public static void main(String[] args){
16         ExceptionLinkTest t=new ExceptionLinkTest();
17
18         try{
19             t.func1(3);
20         }catch(Exception e){
21             System.out.println("异常信息: "+e.getMessage());
22         }
23     }
24 }
```

main 方法调用了 func1 方法，然后层层深入调用，直到 func3 抛出了异常，然后根据调用方法的嵌套关系，把获得的异常层层上抛，直到遇到 try－catch 处理块，这时异常被捕获并进行处理，若此时异常仍然不能被处理（即 catch 块参数类型与实际发生的异常类型不匹配），则继续上抛异常，当异常被传递给 main 方法时，再向上继续传递，就抛给了 JVM，这时程序就会退出执行。

10.2.3　覆盖方法的抛出异常

请设计两个类，其中的方法具有覆盖关系，然后使用这两个方法抛出异常类型的关系：子类中的覆盖方法声明的抛出异常不能是父类被覆盖方法声明的抛出异常的祖先类，只能是其子类或同类。子类中的覆盖方法也可以不声明抛出异常，尽管父类中的被覆盖方法声明抛出了异常。

参考程序如下：

```
1 class A {
2     public void func() throws ArithmeticException {};
3 }
4
5 class B extends A{
6     public void func() throws Exception {//错误
7         System.out.println("B");
8     }
9 }
```

```
10
11  public class OverrideExceptionTest{
12      public static void main(String[] args) throws Exception{
13          A a=new B();
14          a.funç();
15      }
16  }
```

代码第 6 行是错误的，其抛出的异常应该是第 2 行抛出异常的子类或者同类或者不抛出异常。如果把类 A 声明改为 Java 接口，则结论亦然。

实训 11　多线程编程

11.1　实训目的

（1）掌握线程的两种创建方式：继承 Thread 类和实现 Runnable 接口。
（2）掌握线程的机理和生命周期。
（3）掌握综合应用多线程编程。

11.2　实训案例

11.2.1　线程的创建方式

阅读教材 6.2 节中的例程，把 ThreadTest 改用 Runnable 方式实现，把 RunnableTest 改用 Thread 方式实现。

对 ThreadTest 修改了 3 处，修改后的代码如下：

```
1  public class Thread2Runnable implements Runnable {//修改
2      static int millionsecond=500;
3      public void run(){
4          while(true){
5              try{
6                  Thread.sleep(millionsecond);    //单位：毫秒
7              }catch(InterruptedException e){
8                  e.printStackTrace();
9              }
10             System.out.println(Thread.currentThread().getName());
11         }
12     }
13
14     public static void main(String[] args){
15         Thread t1 = new Thread(new Thread2Runnable());    //修改
16         t1.start();   //启动了一个线程
17         Thread t2 = new Thread(new Thread2Runnable());    //修改
18         t2.start();   //又启动了一个新的线程
19
20         while(true){
21             try{
22                 Thread.sleep(millionsecond);    //单位：毫秒
```

```
23              }catch(InterruptedException e){
24                  e.printStackTrace();
25              }
26              System.out.println("hello, main");
27          }
28      }
29  }
```

对 **RunnableTest** 修改了 2 处，修改后的代码如下：

```
1  public class Runnable2Thread extends Thread {//修改
2      public void run(){
3          System.out.println("Hello");
4      }
5
6      public static void main(String[] args){
7          Runnable2Thread t = new Runnable2Thread();//修改
8          t.start();
9      }
10 }
```

11.2.2　银行模拟

请采用多线程设计一个银行服务窗口业务的模拟系统。案例描述如下：

银行拥有职员（包括姓名、职员编号）和客户的账户信息（包括账号、姓名、身份证号、密码、存款余额）。客户到银行办理业务的过程是这样的：客户首先排队等候，若是开户则在排队期间可以填写各种资料，队头客户被呼叫后到服务窗口，银行职员为其服务。职员首先询问客户要办的业务类型（存款、取款、开户、销户），若是存款/取款，则要求客户提供银行账号、密码、存款/取款数额，然后操作；若是开户，则要求客户提供相关资料，然后开户；若是销户，则进行结算后，进行销户操作。

1. 问题分析

本系统涉及的对象有：银行（Bank）、客户账户（Account）、服务窗口职员（Clerk），排队（Dueue）与客户（Client）。Bank 和 Account、Clerk 是包含关系；Dueue 与 Client 是聚合关系。银行提供多个窗口同时为客户服务，所以这是一个多线程系统。每个窗口安排一名职员，所以窗口和职员所指相同（当然银行的职员类型有很多种，但本案例中的职员专指窗口服务职员）。多个职员独立作业，可以采用多线程模拟，而且多个职员共享一个排队（Dueue），需要同步处理，即每一时刻只允许一个职员线程访问该队头，取走队头后为其服务，由于数据共享，所以多个职员线程只能采用实现 Runnable 接口的形式。

2. 程序设计

该系统的 UML 类图设计如图 11.1 所示。

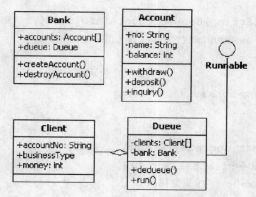

图 11.1   系统设计类图

3. 编码实现

输入程序如下:

```
1  public class Client {
2      public static final int WITHDRAW=1;  //取款操作
3      public static final int DEPOSIT=0;   //存款操作
4
5      public int businessType;
6      public String accountNo;
7      public int money;    //操作资金数额
8
9      public Client(int operate,String accountNo,int money){
10         this.businessType=operate;
11         this.accountNo=accountNo;
12         this.money=money;
13     }
14 }
```

```
1  import java.util.Random;
2
3  public class Dueue implements Runnable {
4      private Client[] clients;
5      private int index=0;
6
7      private Bank bank;
8
9      public Dueue(Bank bank){
10         clients=new Client[Bank.accountsInfo.length];
11         for(int i=0;i<clients.length;i++){
12             int operate=
13                 Math.random()>0.5? Client.WITHDRAW:Client.DEPOSIT;
14             clients[i]=new Client(
15                 operate,
```

```
16              (String)Bank.accountsInfo[i][0],
17              new Random().nextInt(10000));
18      }
19
20      this.bank=bank;
21  }
22
23  public Client dequeue(){//出队
24      if(index==clients.length){
25          index=0;    //重复排队
26          for(Client c: clients){
27              c.businessType=
28                  Math.random()>0.5? Client.WITHDRAW:Client.DEPOSIT;
29              c.money=new Random().nextInt(10000);
30          }
31      }
32      StringBuffer buffer=new StringBuffer("请");
33      buffer.append(index);
34      buffer.append(" 号顾客到 ");
35      buffer.append(Thread.currentThread().getName());
36      buffer.append(" 号窗口办理业务");
37      System.out.println(buffer);
38
39      return clients[index++];
40  }
41
42  public void run(){
43      while(true){
44          Client client;
45          synchronized(this){//从队列中取出当前客户
46              client=dequeue();
47          }
48
49          try{
50              Thread.sleep(new Random().nextInt(10)*1000);
51          }catch(Exception e){
52              System.out.println(e.getMessage());
53          }
54
55          Account account=bank.getAccount(client.accountNo);
56          if(account!=null){
57              switch(client.businessType){
58                  case Client.WITHDRAW:
```

```
59                        account.withdraw(client.money);
60                          break;
61                    case Client.DEPOSIT:
62                        account.deposit(client.money);
63                          break;
64
65                    default:
66                        System.out.println("No business");
67                } //switch
68             } //if
69          } //while
70       }
71 }
1  public class Account {
2     public String no;
3     private String name;
4     private int balance=10000;   //默认存款余额
5
6     public Account(String no,String name,int balance){
7        this.no=no;
8        this.name=name;
9        this.balance=balance;
10    }
11
12    public Account(Object[] info){
13       this((String)info[0],(String)info[1],(Integer)info[2]);
14    }
15
16    public void withdraw(int money) {//取款
17       if(money<=balance){
18          balance=balance-money;
19       }
20    }
21
22    public void deposit(int money) {//存款
23       balance=balance+money;
24    }
25
26    public void inquiry() {
27       System.out.println(name+" 余额为 "+balance);
28    }
29 }
1  public class Bank {
```

```
 2      /*
 3       * 对于账户信息与职员信息，这里采用数组来模拟，
 4       * 在实际系统中应放入数据库中
 5       */
 6      public static Object[][] accountsInfo={
 7          //账号，姓名，初始资金
 8          {"200301","客户 0",new Integer(100000)},
 9          {"200302","客户 1",new Integer(100000)},
10          {"200303","客户 2",new Integer(100000)},
11          {"200304","客户 3",new Integer(100000)},
12          {"200310","客户 4",new Integer(100000)},
13      };
14
15      public static String[][] clerksInfo={
16          //窗口，职员姓名
17          {"1","马昊"},
18          {"2","王立"},
19          {"3","张玉"},
20      };
21
22      /*
23       * 对于银行账户和职员，这里采用数组来模拟，
24       * 在实际系统中应替换为集合数据结构
25       */
26      public Account[] accounts;
27      public Dueue dueue;
28
29      public Bank(){
30          accounts=new Account[accountsInfo.length];
31          for(int i=0;i<accounts.length;i++){
32              accounts[i]=new Account(accountsInfo[i]);
33          }
34
35          dueue=new Dueue(this);
36          Thread[] clerks=new Thread[clerksInfo.length];
37          for (int i=0;i<clerks.length;i++){
38              clerks[i]=new Thread(dueue,clerksInfo[i][0]);
39              clerks[i].start();
40          }
41      }
42
43      public void createAccount() { }
44
```

```
45      public void destroyAccount() { }
46
47      public Account getAccount(String accountNo){
48          for(Account ele: accounts){
49              if(ele.no.equals(accountNo)){
50                  return ele;
51              }
52          }
53          return null;
54      }
55
56      public static void main(String[] args){
57          Bank bank=new Bank();
58      }
59  }
```

本银行模拟系统的核心是客户排队与窗口职员的多线程并行处理，就像招商银行的服务那样，本系统的主类是 Bank。

实训 12　输入/输出

12.1　实训目的

（1）与水流对照，掌握 Java I/O 模型。
（2）掌握字节流和字符流的编程及其异常处理。
（3）掌握字符集编码及其转换。

12.2　实训案例

12.2.1　文件和目录

快速查阅 java.io.File 类的 API doc，然后设计一个程序输出指定目录下的所有文件（包括子目录）的信息：修改时间、目录标志<DIR>、大小、名称，即该程序的功能和 dir 命令相同。

问题分析：通过查阅 File API doc，知道列出指定目录下的文件和子目录有 list()和 listFiles()两类方法，通过返回类型的比较我们选用 listFiles()。获取文件或目录的修改时间可以用 lastModified()方法，其返回为毫秒数，把该毫秒数采用 new java.sql.Date(long) 转换为日期对象即可。目录标志<DIR>用 isDirectory()来处理，大小用 length()获取。名称用 getName()获取。

由于本程序较简单，可直接给出编码实现：

```
1  import java.sql.Date;
2  import java.io.File;
3  import static java.lang.System.out;
4  public class Dir{
5    public Dir(String path){
6      File dir=new File(path);
7      File[] files=dir.listFiles();
8      for (File f: files){
9        out.print(new Date(f.lastModified()));
10       String isDir=f.isDirectory()?"<DIR>":"      ";
11       out.print("\t"+isDir);
12       out.print("\t"+f.length()+" 字节");
13       out.println("\t"+f.getName());
14     }
15   }
16
17   public static void main(String[] args){
18     if(args.length <1){
```

```
19              out.println("请输入路径参数");
20              return ;
21          }
22
23          new Dir(args[0]);
24      }
25  }
```

File 类中还有许多有用的方法，读者可自行查阅。

12.2.2 采用字节流读写文件

请使用 FileOutputStream 编写一个程序，把字符串信息写入到一个文本文件 binary.txt 中，然后使用文本编辑器（如记事本）打开看看结果，再使用 FileInputStream 编写一个程序读取 binary.txt，并把其中的字符串输出在屏幕上。最后与下面的参考程序作比较。

```
1  import java.io.*;
2
3  public class BinaryFile{
4      private String path;
5      public BinaryFile(String path){
6          this.path=path;
7      }
8      public void write(){
9          FileOutputStream out=null;
10         try{
11             out=new FileOutputStream(path);
12         }catch(FileNotFoundException e){
13             System.out.println(e.getMessage());
14             return;
15         }
16
17         String s="abc, 中国青岛";
18         byte[] b=s.getBytes();
19
20         try{
21             out.write(b);
22         }catch(IOException e){
23             System.out.println(e.getMessage());
24         }finally{
25             if(out!=null){
26                 try{
27                     out.close();
28                 }catch(IOException e){
29                     e.printStackTrace();
30                 }
31             }
32         }
```

```java
33        }
34
35    public void read(){
36        FileInputStream in=null;
37        try{
38            in=new FileInputStream(path);
39        }catch(FileNotFoundException e){
40            System.out.println(e.getMessage());
41            return;
42        }
43
44
45        byte[] b=new byte[1024];
46        int flag;
47
48        try{
49            flag=in.read(b);
50            while(flag!=-1){//-1 表示文件读完
51                String s=new String(b);
52                System.out.print(s);
53                flag=in.read(b);
54            }
55        }catch(IOException e){
56            System.out.println(e.getMessage());
57        }finally{
58            if(in!=null){
59                try{
60                    in.close();
61                }catch(IOException e){
62                    e.printStackTrace();
63                }
64            }
65        }
66    }
67
68    public static void main(String[] args){
69        if(args.length<1){
70            System.out.println("请输入文件名参数");
71            return ;
72        }
73        BinaryFile t=new BinaryFile(args[0]);
74        t.write();
75        t.read();
76    }
77 }
```

12.2.3 采用字符流读写文件

请读者把上面的 BinaryFile 程序采用字符流改写。

参考程序如下：

```
1   import java.io.*;
2
3     public class CharFile{
4         private String path;
5         public CharFile(String path){
6         this.path=path;
7      }
8     public void write(){
9         FileWriter out=null;                //修改
10        try{
11            out=new FileWriter(path);       //修改
12        }catch(IOException e){              //修改
13            System.out.println(e.getMessage());
14            return;
15        }
16
17        String s="abc, 中国青岛";
18        //byte[] b=s.getBytes();            //注释掉
19
20        try{
21            out.write(s);                   //修改
22        }catch(IOException e){
23            System.out.println(e.getMessage());
24        }finally{
25            if(out!=null){
26                try{
27                    out.close();
28                }catch(IOException e){
29                    e.printStackTrace();
30                }
31            }
32        }
33    }
34
35    public void read(){
36        FileReader in=null;                 //修改
37        try{
38            in=new FileReader(path);        //修改
39        }catch(FileNotFoundException e){
40            System.out.println(e.getMessage());
41            return;
42        }
```

```
43
44
45          char[] b=new char[1024];                    //修改
46          int flag;
47
48          try{
49              flag=in.read(b);
50              while(flag!=-1){                         //-1 表示文件读完
51                  String s=new String(b);
52                  System.out.print(s);
53                  flag=in.read(b);
54              }
55          }catch(IOException e){
56              System.out.println(e.getMessage());
57          }finally{
58              if(in!=null){
59                  try{
60                      in.close();
61                  }catch(IOException e){
62                      e.printStackTrace();
63                  }
64              }
65          }
66      }
67
68      public static void main(String[] args){
69          if(args.length<1){
70              System.out.println("请输入文件名参数");
71              return ;
72          }
73          CharFile t=new CharFile(args[0]);
74          t.write();
75          t.read();
76      }
77  }
```

12.2.4　采用高级流处理

请查阅 JDK API 文档中的 BufferedReader 类，然后请读者编程读取一个多行文本文件，并输出每一行文本。最后与下面的参考程序作比较。

```
1   09:32    5.000        8 0 S
2   09:32    5.010        4 0 B
3   09:32    5.000       31 0 S
4   09:32    5.010       10 0 B
5   09:32    5.000      115 0 S
6   09:32    5.010       20 0 B
7   09:32    5.000       55 0 S
```

```
8  09:33     5.000        20 0 S
9  09:33     5.000       107 0 S
10  09:33     5.010        62 0 B
11  09:33     5.010        64 0 B
12  09:33     5.000       116 0 S
13  09:33     5.000         7 0 S
14  09:33     5.000        78 0 S
15  09:33     5.000       110 0 S
16  09:33     5.000       454 0 S
17  09:33     5.000         5 0 S
18  09:33     5.000        81 0 B
19  09:34     5.000        20 0 B
1  import java.io.*;
2
3  public class BufferedReaderTest{
4      String path;
5
6      public BufferedReaderTest(String path){
7          this.path=path;
8      }
9      public void read(){
10          BufferedReader reader=null;
11          try{
12              reader=new BufferedReader(
13                  new FileReader(path));
14
15              String line= reader.readLine();
16              while(line!=null){
17                  System.out.println(line);
18                  line=reader.readLine();
19              }
20          }catch(FileNotFoundException e){
21              System.out.println(e.getMessage());
22          }catch(IOException e){
23              System.out.println(e.getMessage());
24          }finally{
25              if(reader!=null){
26                  try{
27                      reader.close();
28                  }catch(IOException e){
29                      System.out.println(e.getMessage());
30                  }
31              }
32          }
33
34      }
```

```
35
36      public static void main(String[] args){
37          if(args.length<1){
38              System.out.println("请输入文件参数");
39              return;
40          }
41          BufferedReaderTest d=new BufferedReaderTest(args[0]);
42          d.read();
43      }
44  }
```

12.2.5 字符编码转换

请读者编写一个字符集编码转换的工具。可以采用 BufferedReader 和 BufferedWriter 进行文本文件的读入和文本编码转换后的输出，其中文本编码的转换采用 String 类的方法：

```
public byte[] getBytes(String charsetName)
public String (byte[] b, String charsetName)    //构造方法
```

因此程序 EncodeTransform 代码如下：

```
1   import java.io.*;
2
3   public class EncodeTransform{
4       private String fromPath,toPath;
5       private String encodeFrom,encodeTo;
6
7       public EncodeTransform(
8               String fromPath,String encodeFrom,
9               String toPath,  String encodeTo){
10          this.fromPath=fromPath;
11          this.toPath=toPath;
12          this.encodeFrom=encodeFrom;
13          this.encodeTo=encodeTo;
14      }
15
16      public void go(){
17          BufferedReader in=null;
18          BufferedWriter out=null;
19          try{
20              in=new BufferedReader(new FileReader(fromPath));
21              out=new BufferedWriter(new FileWriter(toPath));
22              transform(in,out);
23          }catch(FileNotFoundException e){
24              e.printStackTrace();
25          }catch(UnsupportedEncodingException e){
26              e.printStackTrace();
27          }catch(IOException e){
28              e.printStackTrace();
```

```
29          }finally{
30             try{
31                if(in!=null){
32                   in.close();
33                }
34                if(out!=null){
35                   out.close();
36                }
37             }catch(IOException e){
38                e.printStackTrace();
39             }
40          }
41       }
42
43    private void transform(BufferedReader in, BufferedWriter out)
44          throws IOException,UnsupportedEncodingException {
45       byte[] b;
46       String line=null;
47
48       while((line=in.readLine())!=null){//null 表示文件结束
49          b=line.getBytes(encodeFrom);
50          out.write(new String (b,encodeTo));
51       }
52    }
53
54    public static void main(String [] args){
55       if(args.length<4){
56          System.out.println("请输入参数：源文件 源文件编码 目的文件 "+
57             "目的文件编码" );
58          return ;
59       }
60
61       EncodeTransform t=new EncodeTransform(
62          args[0],args[1],args[2],args[3]);
63       t.go();
64    }
65 }
```

通过实际文件编码的转换试验，会发现上面的程序有问题，转换后的字符出现乱码，不能正确转换字符编码。这是为什么呢？

查阅 JDK API doc，发现 FileReader 类的开头说明如下：

```
public class FileReader extends InputStreamReader
```

用来读取字符文件的便捷类。此类的构造方法假定默认字符编码和默认字节缓冲区大小都是适当的。要自己指定这些值，可以先在 FileInputStream 上构造一个 InputStreamReader。

FileReader 用于读取字符流。要读取原始字节流，请考虑使用 FileInputStream。

上面这段文字说明，FileReader 类在读取文本文件时，采用默认的字符编码（即 JVM 默认的字符编码），这样再在程序中指定字符编码进行转换就错了（EncodeTransform 程序第 49 行）。根据说明知道，可以在 InputStreamReader 对象中指定字符编码。查阅 InputStreamReader 的 JDK API doc，发现了含有指定字符编码参数的构造方法：

```
InputStreamReader(InputStream in, Charset cs):
```
创建使用给定字符集的 InputStreamReader。
```
InputStreamReader(InputStream in, CharsetDecoder dec)
```
创建使用给定字符集解码器的 InputStreamReader。
```
InputStreamReader(InputStream in, String charsetName)
```

这就进一步印证了指定读取文本的字符编码确实应该在 InputStreamReader 中指定。由此联想到输出是否也是在 OutputStreamWriter 对象中指定字符编码呢？查阅 FileWriter 类的 JDK API doc，在其开头有说明如下：

```
public class FileWriter extends OutputStreamWriter
```
用来写入字符文件的便捷类。此类的构造方法假定默认字符编码和默认字节缓冲区大小都是可接受的。要自己指定这些值，可以先在 FileOutputStream 上构造一个 OutputStreamWriter。

接下来查阅 OutputStreamWriter 的 JDK API doc，发现了其含有字符编码参数的构造方法：
```
OutputStreamWriter(OutputStream out, Charset cs)
```
创建使用给定字符集的 OutputStreamWriter。
```
OutputStreamWriter(OutputStream out, CharsetEncoder enc)
```
创建使用给定字符集编码器的 OutputStreamWriter。
```
OutputStreamWriter(OutputStream out, String charsetName)
```
创建使用指定字符集的 OutputStreamWriter。

这样，就明白了 EncodeTransform 程序存在问题的原因了。下面修改 EncodeTransform 程序，由于 InputStreamReader 和 OutputStreamWriter 是连接字符流和字节流的桥梁，所以低级流只能采用字节流，读写文件的低级字节流就是 FileInputStream 和 FileOutputStream，由低级流与高级流的段段衔接就构成了整条输入流和输出流，显然这需要查阅各个流的构造方法，因此修改后的程序 EncodeTransform2 如下：

```java
1  import java.io.*;
2
3  public class EncodeTransform2{
4      private String fromFile,toFile;
5      private String fromEncode,toEncode;
6
7      public EncodeTransform2(
8              String fromFile,String fromEncode,
9              String toFile,  String toEncode){
10         this.fromFile=fromFile;
11         this.toFile=toFile;
12         this.fromEncode=fromEncode;
13         this.toEncode=toEncode;
14     }
15
16     public void go(){
17         BufferedReader in=null;
18         BufferedWriter out=null;
```

```
19          try{
20              //低级流与高级流的衔接，其中指定了字符编码
21              in=new BufferedReader(
22                  new InputStreamReader(
23                      new FileInputStream(fromFile), fromEncode));
24
25              //低级流与高级流的衔接，其中指定了字符编码
26              out=new BufferedWriter(
27                  new OutputStreamWriter(
28                      new FileOutputStream(toFile),toEncode));
29              transform(in,out);
30          }catch(FileNotFoundException e){
31              e.printStackTrace();
32          }catch(UnsupportedEncodingException e){
33              e.printStackTrace();
34          }catch(IOException e){
35              e.printStackTrace();
36          }finally{
37              try{
38                  if(in!=null){
39                      in.close();
40                  }
41                  if(out!=null){
42                      out.close();
43                  }
44              }catch(IOException e){
45                  e.printStackTrace();
46              }
47          }
48      }
49
50      private void transform(BufferedReader in, BufferedWriter out)
51              throws IOException {
52
53          String line=null;
54
55          while((line=in.readLine())!=null){//null 表示文件结束
56              out.write(line);
57              out.write("\n");
58          }
59      }
60
61      public static void main(String [] args){
62          if(args.length<4){
63              System.out.println("请输入参数：源文件 源文件编码 目的文件 "+
64                  "目的文件编码" );
```

```
65            return ;
66        }
67
68        EncodeTransform2 t=new EncodeTransform2(
69            args[0],args[1],args[2],args[3]);
70        t.go();
71    }
72 }
```

由上面给出的 JDK API doc 中关于 FileReader 和 FileWriter 的说明文字表明 FileReader 的父类是 InputStreamReader，FileWriter 的父类是 OutputStreamWriter，这说明 FileReader 和 FileWriter 是建立在字节流的基础上的，从而明白了采用字符流来读写文件最终还是通过字节流来完成的，字符流只不过是对其操纵的字节流添加了缓冲和字符编码装置而已，如图12.1所示。而这和计算机中一切皆是数字、一切皆是字节数据是一致的，计算机中的字符在本质上是在字符编码范围内的数字（字节数据）。

图 12.1　字符流的本质

通过本案例，我们学会了如何使用 I/O 编程，更为重要的是体验了如何使用 JDK API doc 来解决我们遇到的编程问题。

实训 13   集合框架

13.1   实训目的

（1）掌握集合框架的概念及分类：Collection 和 Map。
（2）掌握一定的数据结构与算法。
（3）常用集合类/接口，并灵活应用它们进行编程。

13.2   实训案例

13.2.1   线性链表的操作

线性表是一种数据结构，一般有顺序表和链表两种实现方式，顺序表适合随机读取操作，不适合插入、删除操作，而链表则恰好相反。顺序表在集合框架中对应 ArrayList，链表对应 LinkedList。请查阅 LinkedList 的 JDK API doc，然后编写一个程序，把两个按照升序排列的线性链表按照升序合并，以练习链表的合并、移动、遍历等操作。

参考程序如下：

```
1   import java.util.*;
2
3   public class LinkedListTest{
4
5       /* 合并两个链表的算法：
6        * 从头开始依次读取链表 aLink、bLink，假如当前元
7        * 素分别为 a、b，则若 a>b，则把 b 插到 a 的前面，继续
8        * 读取 b 的下一个元素，重复比较；若 a<b，则继续读取
9        * a 的下一个元素，重复比较；若 a==b，则继续读取 a、
10       * b 的下一个元素，重复比较。最后只有一个还未遍历
11       * 完，若是 B，则把 B 剩余的部分追加到 A 的尾部，若是
12       * A 则不用做任何处理
13       */
14      public void combine(LinkedList<Integer> aLink,
15              LinkedList<Integer> bLink){
16          int pa=0, pb=0;    //列表索引初始化
17
18          if(aLink.size()==0 || bLink.size()==0){
19              System.out.println("至少有一个链表为空");
20              return;
21          }
```

```
22
23        //遍历链表，注意 aLink 的长度是变化的
24        while(pa<aLink.size() && pb<bLink.size()){
25            int a=aLink.get(pa);   //获取当前结点
26            int b=bLink.get(pb);
27
28            if(a>b){
29                aLink.add(pa,b);          //在 a 的前面插入 b
30                pa++;                     //由于插入了 b，故当前结点的索引增加 1
31                pb++;
32            }else if(a<b){
33                pa++;
34            }else{
35                pa++;
36                pb++;
37            }
38        }
39
40        while(pb<bLink.size()){//把 B 中剩余部分追加到 A
41            aLink.add(bLink.get(pb));
42            pb++;
43        }
44    }
45
46    public static void main(String[] args){
47        //构造链表 a
48        LinkedList<Integer> a=new LinkedList<Integer>();
49        for(int i=1;i<=10; ){
50            a.add(new Integer(i));   //奇数链表
51            i=i+2;
52        }
53
54        //构造链表 b
55        LinkedList<Integer> b=new LinkedList<Integer>();
56        for(int j=0; j<=10;){
57            b.add(new Integer(j));   //偶数链表
58            j=j+2;
59        }
60
61        //输出初始化的链表 a、b
62        for(int i:a){
63            System.out.print(i+",");
64        }
65        System.out.println();
66        for(int i:b){
67            System.out.print(i+",");
```

```
68            }
69          System.out.println();
70
71          new LinkedListTest().combine(a,b);//合并
72
73          for(Integer i:a){//输出合并后的结果
74              System.out.print(i+",");
75          }
76        }
77  }
```

然后不使用 LinkedList 类，而是自定义链表，重新实现上述程序，如下所示：

```
1  import java.util.*;
2
3  public class LinkedListSelfDef{
4
5      /* 合并两个链表的算法：
6       * 从头开始依次读取链表 A、B，假如当前元素分别为
7       * a、b，则若 a>b，则把 b 插到 a 的前面，继续读取 b 的下
8       * 一个元素，重复比较；若 a<b，则继续读取 a 的下一个
9       * 元素，重复比较；若 a==b，则继续读取 a、b 的下一个
10      * 元素，重复比较。最后只有一个还未遍历完，若是 B，
11      * 则把 B 剩余的部分追加到 A 的尾部，若是 A，则不用做任
12      * 何处理
13      */
14     public void combine(NodeHead aHead, NodeHead bHead){
15
16         //获取链表的第一个元素
17         if(aHead.next==null ||bHead.next==null){
18             System.out.println("链表 A B 中至少有一者为空");
19             return;
20         }
21
22         Node a=aHead.next;
23         Node apre=null;
24         Node b=bHead.next;
25         Node bpre;
26
27         while( a!=null && b!=null){
28             if(a.ele>b.ele){//插入 b 到 a 的前面
29                 bpre=b;
30                 b=b.next;
31
32                 bpre.next=a;
33                 if(apre==null){
34                     aHead.next=bpre;
35                 }else{
36                     apre.next=bpre;
37                 }
```

```
38              apre=bpre;
39
40              aHead.size++;
41              bHead.size--;
42
43          }else if(a.ele<b.ele){
44              apre=a;
45              a=a.next;
46          }else{
47              apre=a;
48              a=a.next;
49              b=b.next;
50
51              bHead.size++;
52          }
53      }
54
55      if(b!=null){//把 B 中剩余部分追加到 A
56          apre.next=b;
57          aHead.size=aHead.size+bHead.size;
58      }
59  }
60
61  public static void main(String[] args){
62      //构造链表 a
63      NodeHead aHead=new NodeHead();
64      for(int i=9;i>=0; i=i-2 ){//奇数链表
65          Node node=new Node(i);
66          node.next=aHead.next;
67          aHead.next=node;
68          aHead.size++;
69      }
70
71      //构造链表 b
72      NodeHead bHead=new NodeHead();
73      for(int i=12;i>=0; i=i-2 ){//偶数链表
74          Node node=new Node(i);
75          node.next=bHead.next;
76          bHead.next=node;
77          bHead.size++;
78      }
79      //输出初始化的链表 a,b
80      Node a=aHead.next;
81      while(a !=null){
82          System.out.print(a.ele+",");
83          a=a.next;
84      }
85      System.out.println();
```

```
86
87          Node b=bHead.next;
88          while(b !=null){
89              System.out.print(b.ele+",");
90              b=b.next;
91          }
92          System.out.println();
93
94          new LinkedListSelfDef().combine(aHead,bHead);   //合并
95
96          a=aHead.next;
97          System.out.println(aHead.size);
98          while(a !=null){
99              System.out.print(a.ele+",");
100             a=a.next;
101         }
102     }
103 }
104
105 class Node{
106     public Integer ele;
107     public Node next;
108
109     public Node(Integer i){
110         ele=i;
111         next=null;
112     }
113 }
114
115 class NodeHead {
116     public int size=0;
117     public Node next;
118 }
```

13.2.2　HashSet 的操作

Set 的元素具有唯一性和无序性，请编写一个程序，通过读取 System.in 中的单词，把它们添加到一个 HashSet 中，最后遍历 HashSet 并打印出所有的单词。

参考程序如下：

```
1  import java.util.*;
2
3  public class HashSetTest{
4      public static void main(String[] args){
5          Set<String> words=new HashSet<String>();
6          Scanner in=new Scanner(System.in);
7          while(in.hasNext()){
8              String word=in.next();
9              if(word.equals("-1")){//输入结束
```

```
10              break;
11          }
12          words.add(word);
13      }
14
15      for(String s: words){
16          System.out.println(s);
17      }
18  }
19 }
```

输入多行字符串单词，注意输入的行要有重复的，最后输入-1 行结束输入，从输出结果就可以看到 Set 元素的唯一性和无序性。

13.2.3　Map 的操作

Map 的元素是"键－值"，请采用 HashMap 编写一个程序，用于存储学生信息：

学号　　　　　姓名

001　　　　　王慧
002　　　　　张强
003　　　　　宋明

然后输出这样的信息。

参考程序如下：

```
1  import java.util.*;
2
3  public class HashMapTest{
4      public static void main(String[] args){
5          String[][] info={
6              {"001","王慧"},
7              {"002","张强"},
8              {"003","宋明"}
9          };
10
11         Map<String, String> students=new HashMap<String,String>();
12         for(int i=0;i<info.length;i++){
13             students.put(info[i][0],info[i][1]);
14         }
15
16         //输出
17         for(Map.Entry<String, String> entry: students.entrySet()){
18             String key=entry.getKey();
19             String stu=entry.getValue();
20             System.out.println("key="+key+", value="+stu);
21         }
22     }
23 }
```

实训 14   常用 JDK API

14.1   实训目的

（1）掌握常用 JDK API：Object、字符串类、数学类、日期类、系统环境类并进行编程。
（2）熟练掌握 JDK API Doc 的使用方法。

14.2   实训案例

14.2.1   toString() 方法的覆盖

请实验如下两个程序，比较并体会这两个程序的输出结果。
程序 1：

```
1  public class ToStringA{
2      private String data="Hello";
3
4      public static void main(String[] args){
5          System.out.println(new ToStringA());
6      }
7  }
```

程序 2：

```
1  public class ToStringB{
2      private String data="Hello";
3
4      public String toString(){//覆盖了 Object 的方法
5          return data;
6      }
7
8      public static void main(String[] args){
9          System.out.println(new ToStringB());
10     }
11 }
```

14.2.2   equals() 与 ==

请实验如下两个程序，比较并体会这两个程序的输出结果。
程序 1：

```
1  public class EqualsA{
2      private int idata;
```

```
3      private String sdata;
4
5      public EqualsA(int k){
6          idata=k;
7      }
8
9      public static void main(String [] args){
10         EqualsA a1=new EqualsA(5);
11         EqualsA a2=new EqualsA(5);
12
13         System.out.println("a1 equals a2? "+(a1.equals(a2)));
14         System.out.println("a1==a2? "+(a1==a2));
15     }
16  }
```

程序 2:

```
1  public class EqualsB{
2      private int idata;
3      private String sdata;
4
5      public EqualsB(int k){
6          idata=k;
7      }
8
9      public int getIddata(){
10         return idata;
11     }
12
13     public boolean equals(EqualsB b){//重载了 Object 的 equals 方法
14         if(idata==b.getIddata()){
15             return true;
16         }else{
17             return false;
18         }
19     }
20
21     public static void main(String [] args){
22         EqualsB a1=new EqualsB(5);
23         EqualsB a2=new EqualsB(5);
24         String s="5";
25
26         //调用了重载的 equals(EqualsB)方法
27         System.out.println("a1 equals a2? "+(a1.equals(a2)));
28         System.out.println("a1==a2? "+(a1==a2));
29
30         //调用了继承自 Object 的 equals(Object)方法
31         System.out.println("a1 equals a3? "+(a1.equals(s)));
```

```
32      }
33  }
```

14.2.3 字符串处理

请编写一个程序，用于解析下面的文本内容（存放在一个.txt 文件中），统计总成绩，然后把结果输出到一个新的文件中。

姓名	数学	英语	计算机	总分
张红	88	98	86	
王浩	98	78	92	
吴东	78	98	88	

程序如下：

```
1   import java.io.*;
2   import java.util.*;
3
4   public class Score {
5
6       public void compute(File inFile, BufferedWriter out){
7           Scanner sc=null;
8           String line=null;
9           try{
10              sc=new Scanner(inFile);
11              for(int i=0;i<2;i++){//略过前两行文本
12                  out.write(sc.nextLine());
13                  out.write("\n");
14              }
15              while(sc.hasNextLine()){
16                  line=sc.nextLine().trim();
17                  String[] p=line.split(" +");//一个或多个空格
18
19                  int count=0;
20                  for(int j=1;j<p.length;j++){
21                      count=count+Integer.parseInt(p[j]);
22                  }
23
24                  out.write(line);
25                  out.write("    "+count);
26                  out.write("\n");
27              }
28
29          }catch(FileNotFoundException e){
30              e.printStackTrace();
31          }catch(IOException e){
32              e.printStackTrace();
33          }finally{
```

```
34              if(sc!=null)
35                  sc.close();
36          }
37      }
38
39      public static void main(String[] args) throws IOException {
40          File f=new File("score.txt");
41
42          BufferedWriter out=null;
43
44          try{
45              out=new BufferedWriter(
46                  new FileWriter("out.txt"));
47              Score t=new Score();
48              t.compute(f,out);
49          }catch(FileNotFoundException e){
50              e.printStackTrace();
51          }catch(IOException e){
52              e.printStackTrace();
53          }finally{
54              if(out!=null){
55                  out.close();    //在关闭时刷新缓冲区，写入 out.txt
56              }
57          }
58      }
59  }
```

由本程序可以看出 java.util.Scanner 是一个既方便又实用的工具。

实训 15 GUI 编程

15.1 实训目的

（1）掌握 GUI 编程要素。
（2）掌握事件处理模型：事件委托机制。
（3）掌握常用的 GUI 组件、布局管理器。
（4）熟练掌握 Java GUI 综合编程及其国际化处理。

15.2 实训案例

15.2.1 计算器

请设计并编写一个计算机程序，界面如图 15.1 所示。

图 15.1 计算器界面

程序如下：

```
1   import java.awt.*;
2   import java.awt.event.*;
3   import java.util.*;
4
5   public class Calculator implements ActionListener {
6
7
8       public static String[][] lab={
9           {"(",")","Q","C"},     //Q 退出，C 清除
10          {"7","8","9","/"},
11          {"4","5","6","*"},
12          {"1","2","3","-"},
13          {"0",".","=","+"}
14      };
15
```

```
16      private TextField screen=new TextField();

17

18   public void init(){
19          //创建窗体并加入计算器的显示屏
20          Frame frame=new Frame("计算器");
21          frame.add(screen,BorderLayout.NORTH);

22

23          //布局计算器的键盘
24          Panel pan=new Panel();
25          pan.setLayout(new GridLayout(5,4));
26          frame.add(pan,BorderLayout.CENTER);

27

28          Button btn=null;

29

30          for(int i=0;i<lab.length;i++){
31              for(int j=0;j<lab[i].length;j++){
32                  btn=new Button(lab[i][j]);
33                  btn.addActionListener(this);
34                  pan.add(btn);
35              }
36          }

37

38          frame.pack();
39          frame.setVisible(true);
40      }

41

42   public void actionPerformed(ActionEvent e){
43          String label=((Button)e.getSource()).getLabel();

44

45          if(label.equals("=")){
46              String origin=screen.getText();
47              String text=origin+"#";
48              String value=computing(text);
49              screen.setText(value);

50

51          }else if(label.equals("Q")){
52              System.exit(0);
53          }else if(label.equals("C")){
54              screen.setText("");
55          }else{
56              String text=screen.getText();
57              screen.setText(text+label);
58          }
59      }

60

61      private Stack<Character>
```

```
62          OPTR=new Stack<Character>();     //运算符栈
63    private Stack<Double> OPND=new Stack<Double>();    //运算数栈
64    private OP op=new OP();        //运算符处理工具类
65
66    private String computing(String text){
67          OPTR.push('#');
68          int i=0;
69          char c=text.charAt(i);    //获取当前字符
70
71
72          while(c !='#' || OPTR.peek() !='#'){
73              if(c==' '){
74                  return "Error:数学表达式有空格";
75              }
76              if(!op.isOP(c)){//不是运算符
77                  double temp=0;
78                  boolean isDot=false;
79                  double dotCount=1; //小数位数
80
81                  //构造完整的多位操作数
82                  while((!op.isOP(c)) && c !='#'){
83                      if(c=='.'){
84                          if(isDot){//小数点已经存在，即一个数字出现了多个小数点
85                              return "Error:小数点多个";
86                          }else{
87                              isDot=true;
88                          }
89                      }else if(isDot){//是小数部分
90                          dotCount=dotCount/10;
91                          temp=temp+Double.parseDouble(
92                              Character.toString(c))*dotCount;
93                      }else{//是整数部分
94                          temp=temp*10+Double.parseDouble(
95                              Character.toString(c));
96                      }
97                      c=text.charAt(++i);
98                      if(c==' '){
99                          return "Error:数学表达式有空格";
100                     }
101                 }
102                 OPND.push(temp);
103             }else{//是运算符
104
105                 switch(op.precede(OPTR.peek(),c)){
106                     case '<'://栈顶元素优先级低
107                         OPTR.push(c);
```

```
108                    .            c=text.charAt(++i);
109                                 break;
110                      case '>': //退栈并把运算结果入栈
111                                 char theta=OPTR.pop();
112                                 double b=OPND.pop();
113                                 double a=OPND.pop();
114                                 OPND.push(op.operate(a,theta,b));
115                                 break;
116
117                      case '=': //脱括号并接收下一个字符
118                                 OPTR.pop();
119                                 c=text.charAt(++i);
120                                 break;
121
122                      case '-':
123                                 return "Error";
124
125                  }
126
127              }
128          }
129      OPTR.pop();//弹出栈底字符#
130      return ""+OPND.pop();
131   }
132
133   public static void main(String[] args){
134      Calculator c=new Calculator();
135      c.init();
136   }
137 }
138
139 class OP {//运算符类
140   private String operators="+-*/()#";
141
142   private char[][] priority={
143      {'>','>','<','<','<','>','>'},
144      {'>','>','<','<','<','>','>'},
145      {'>','>','>','>','<','>','>'},
146      {'>','>','>','>','<','>','>'},
147      {'<','<','<','<','<','=','-'},
148      {'>','>','>','>','-','>','>'},    //'-'表示算符顺序非法
149      {'<','<','<','<','<','-','='},
150   };
151
152   //比较运算符 c1 和 c2 的优先级
153   public char precede(char c1, char c2){
```

```
154            int i=operators.indexOf(c1);
155            int j=operators.indexOf(c2);
156            return priority[i][j];
157        }
158
159        //判断字符 c 是否是运算符
160        public boolean isOP(char c){
161            return (operators.indexOf(c) != -1);
162        }
163
164        public double operate(double a,char theta, double b){
165            double d=0;
166            switch(theta){
167                case '+':
168                    d=a+b;
169                    break;
170                case '-':
171                    d=a-b;
172                    break;
173                case '*':
174                    d=a*b;
175                    break;
176                case '/':
177                    d=a/b;
178            }
179            return d;
180        }
181    }
```

本程序的重点在 GUI 界面的布局上，而难点则在数学表达式的解析计算上，对于其解析算法，采用的表达式求值方法参见参考文献[1]中的第 52 页。本程序的代码较长且有一定的难度和技巧，可以有效训练读者阅读源代码的功力。

15.2.2　文本编辑器

设计开发一个类似 Windows 记事本的文本编辑器，要求实现文件的新建、保存、打开、另存为、退出等功能。

```
1  import java.io.*;
2  import java.awt.*;
3  import java.awt.event.*;
4
5  public class NoteBook {
6      int width=600,height=500;
7      private TextArea ta=new TextArea();
8      private String newtitle="无标题 - MyJavaEditor";
9      private String title=newtitle;
10     private String path=null;
```

```
11      public NoteBook(){
12          final Frame frame=new Frame(title);
13          MenuBar bar = new MenuBar();
14          Menu fileMenu, editMenu, helpMenu;
15
16          frame.setMenuBar(bar); //把菜单条加入到窗体中
17
18          //创建并组装菜单
19          MenuItem item;
20          fileMenu = new Menu("文件");
21
22          //处理"新建"菜单项
23          item =new MenuItem("新建",
24              new MenuShortcut(KeyEvent.VK_N,false));
25          item.addActionListener(new ActionListener(){//加入监听器
26              public void actionPerformed(ActionEvent e){
27                  ta.setText("");
28                  title=newtitle;
29                  frame.setTitle(newtitle);
30                  path=null;
31              }
32          });
33          fileMenu.add(item);
34
35          //处理"打开"菜单项
36          item = new MenuItem("打开",
37              new MenuShortcut(KeyEvent.VK_O,false));
38          item.addActionListener(new ActionListener(){//加入监听器
39              public void actionPerformed(ActionEvent event){
40                  FileDialog dialog=new FileDialog(frame);
41                  dialog.setMode(FileDialog.LOAD);
42                  dialog.setVisible(true);
43                  if(dialog.getDirectory()==null ||
44                          dialog.getFile()==null){
45                      return;
46                  }
47                  path=dialog.getDirectory()+"/"+dialog.getFile();
48                  BufferedReader r=null;
49                  try{
50                      r=new BufferedReader(
51                          new FileReader(path));
52                      String line=null;
53                      StringBuilder sb=new StringBuilder();
54                      while((line=r.readLine())!=null){
55                          sb.append(line).append("\n");
56                      }
```

```
57              ta.setText(sb.toString());
58
59              title=dialog.getFile();
60              frame.setTitle(title);
61          }catch(FileNotFoundException e){
62              e.printStackTrace();
63          }catch(IOException e){
64              e.printStackTrace();
65          }finally{
66              if(r!=null){
67                  try{
68                      r.close();
69                  }catch(IOException e){
70                      e.printStackTrace();
71                  }
72              }
73          }
74
75      }
76  });
77  fileMenu.add(item);
78
79  //处理"保存"菜单项
80  item=new MenuItem("保存",
81      new MenuShortcut(KeyEvent.VK_S,false));
82  item.addActionListener(new ActionListener(){//加入监听器
83      public void actionPerformed(ActionEvent e){
84          if(path==null){//若是新文档
85              FileDialog dialog=new FileDialog(frame);
86              dialog.setMode(FileDialog.SAVE);
87              dialog.setVisible(true);
88              if(dialog.getDirectory()==null ||
89                      dialog.getFile()==null){
90                  return;
91              }
92              path=dialog.getDirectory()+"/"+dialog.getFile();
93              write(path);
94              title=dialog.getFile();
95              frame.setTitle(title);
96          }else{
97              write(path);
98          }
99      }
100 });
101 fileMenu.add(item);
102
```

```
103            //处理"另存为"菜单项
104         item = new MenuItem("另存为...");
105      item.addActionListener(new ActionListener(){//加入监听器
106         public void actionPerformed(ActionEvent e){
107            FileDialog dialog=new FileDialog(frame);
108            dialog.setMode(FileDialog.SAVE);
109            dialog.setVisible(true);
110            path=dialog.getDirectory()+"/"+dialog.getFile();
111            write(path);
112            title=dialog.getFile();
113            frame.setTitle(title);
114         }
115      });
116      fileMenu.add(item);
117      fileMenu.addSeparator();    //添加分隔线
118      item=new MenuItem("退出");
119      item.addActionListener(new ActionListener(){
120         public void actionPerformed(ActionEvent e){
121            System.exit(0);
122         }
123      });
124
125      fileMenu.add(item);
126
127      bar.add(fileMenu);   //把菜单加入到菜单栏
128
129      editMenu=new Menu("Edit");
130      editMenu.add(new MenuItem("copy"));
131      editMenu.add(new MenuItem("paste"));
132
133      bar.add(editMenu);
134
135      //创建"帮助"菜单
136      helpMenu = new Menu("帮助");
137      helpMenu.add(new MenuItem("帮助 1"));
138
139      bar.setHelpMenu(helpMenu);    //注意与 27 行的方法不同
140      frame.add(ta,BorderLayout.CENTER);
141      frame.setSize(width,height);
142      frame.setVisible(true);
143
144    }
145
146    private void write(String path){
147      FileWriter out=null;
148      try{
```

```
149              out=new FileWriter(path);
150              out.write(ta.getText());
151          }catch(FileNotFoundException e){
152          }catch(IOException e){
153          }finally{
154              if(out!=null){
155                  try{
156                      out.close();
157                  }catch(IOException e){
158                      e.printStackTrace();
159                  }
160              }
161          }
162      }
163
164      public static void main(String[] args){
165          new NoteBook();
166      }
167  }
```

上面的程序只完成了"文件"菜单，Edit 菜单的功能请读者完成。

15.2.3 国际化程序

请读者把上面的文本编辑器程序改造成国际化菜单。

实训 16　Netbeans IDE 基本用法

16.1　实训目的

训练读者的开发环境由"JDK+文本编辑器"向 IDE 转移。

16.2　实训案例

经过主教材的系统学习和前面的上机实训，我们已经能非常熟练地使用"JDK+文本编辑器"进行简单的程序开发了。至此，我们已经从"JDK+文本编辑器"的开发环境中获取了足够的基本编程技能和技巧，也体会到了使用这种开发环境的低效率，显然这种开发环境不适合开发较大规模的程序，因此有必要掌握一种 IDE，目前 Netbeans 和 Eclipse 都是非常优秀的 IDE，只要掌握一种就可以了，下面以 Netbeans 6.7 及以上的版本为例来进行介绍。

16.2.1　Netbeans 入门

通过 Netbeans 来创建一个简单的"HelloWorld"Java 控制台应用程序，指导读者掌握如何在 Netbeans IDE 中创建、编译和运行应用程序。

开发环境的搭建。首先安装 JDK 1.6，设置好环境变量 path，然后安装 Netbeans。Netbeans 在 Windows、Linux、Solaris、Mac 等不同平台有不同的安装包和跨平台的压缩包（不需要安装，解压缩后就可以直接使用）。在附带的光盘中提供了跨平台的压缩包，也可从 http://netbeans.org 上直接下载，然后在 Netbeans 安装的根目录下的 bin 目录中执行 netbeans 启动。

Netbeans 是一个国际化 I18N 程序，默认的界面与操作系统或 JVM 的默认字符编码一致，若要以指定的字符编码显示界面，则在启动时指定参数 locale，例如在命令行上使用 cd 命令切换到 NetbeansRoot/bin 目录下，执行：

```
netbeans --locale en:US
netbeans --locale zh:CN
```

则分别显示英文界面和中文界面。现以英文界面介绍 NetbeansIDE。

本案例需要完成的步骤如下：

（1）新建项目。

（2）向生成的源文件中添加代码。

（3）编译并运行程序。

（4）构建并部署应用程序。

第一步：新建项目。

（1）在启动后的 IDE 中，如图 16.1 所示，选择 File→New Project 命令。

图 16.1　新建项目

（2）在 New Project 向导中，展开 Java 类别并选择 Java Application，如图 16.2 所示。
单击 Next 按钮。

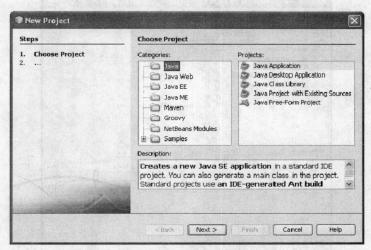

图 16.2　选择项目类型

（3）在向导的 Name and Location 页面（如图 16.3 所示）中，执行以下操作：

1）在 Project Name 文本框中，输入 HelloWorldApp。

2）在 Create Main Class 文本框中输入 helloworldapp.HelloWorldApp。

3）选中 Set as Main Project 复选框。

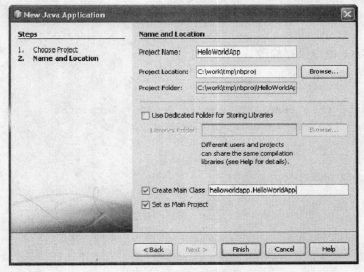

图 16.3　命名与保存

　　（4）单击 Finish 按钮。所创建的项目将在 IDE 中打开，并且自动生成该项目的源代码框架。如图 16.4 所示，应该可以看到以下组件：

● Projects 窗格，提供项目组件的树形视图，包括源文件、代码所依赖的库等。

● Source Editor 窗格，其中打开了一个 HelloWorldApp 文件。

● Navigator 窗格，可用于在所选类的各元素之间快速导航。

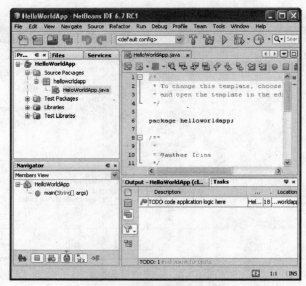

图 16.4　打开项目主界面

第二步：向生成的源文件中添加代码。

由于在 New Project 向导中选中 Create Main Class 复选框，因此 IDE 创建的是一个主干类。要将"Hello World!"消息添加到主干代码中，可以将以下代码：

```
// TODO code application logic here
```

替换为：

```
System.out.println("Hello World! ");
```

选择 File→Save 命令保存修改。

文件源代码应如下所示：

```
/*
 * To change this template, choose Tools | Templates
 * and open the template in the editor.
 */

package helloworldapp;

/**
 *
 * @author Irina
 */
public class HelloWorldApp {
```

```
/**
 * @param args the command line arguments
 */
public static void main(String[] args) {
    System.out.println("Hello World!");
}

}
```

第三步：编译并运行程序。

在保存源代码文件时，IDE 会自动编译该源代码文件。当然也可以手动专门进行编译，从 IDE 的主菜单中选择 Build→Build Main Project 命令。

查看编译过程的输出的方法是选择 Window→Output→Output 命令。

此时将打开 Output 窗格，显示的输出内容如图16.5所示。

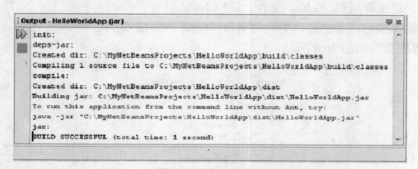

图 16.5　编译源文件

如果编译输出最后以 BUILD SUCCESSFUL 语句结束，则表示程序编译成功。如果编译输出最后显示的语句为 BUILD FAILED，那么代码中可能含有语法错误。Output 窗格将以超链接的形式报告错误。单击超链接可以导航到源代码出错的位置。修复错误之后，可以选择 Build→Build Main Project 命令再次编译程序。

在编译项目时，将生成一个 HelloWorldApp.class 字节码文件。要查看生成的新文件，可打开 Files 窗格并展开 HelloWorldApp/build/classes/helloworldapp 节点，如图 16.6 所示。

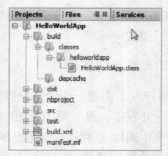

图 16.6　源文件列表窗

至此，项目已经编译完成，接下来可以运行程序了。在 IDE 的菜单栏中，选择 Run→Run

Main Project 命令（F6）。图 16.7 显示了 Output 窗格的内容。

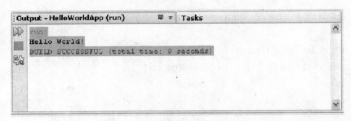

图 16.7   运行输出信息窗口

程序运行成功！

第四步：构建并部署应用程序。

当该项目彻底开发、测试完毕后，就可以执行 Run→Clean and Build command 命令来构造完整的应用了，IDE 会完成如下任务：

1）清除已经编译成的 *.class 文件，清空 build 目录。

2）重新编译项目，并把编译生成的文件压缩成一个 jar 文件。

构建生成的文件如图 16.8 所示。

图 16.8   构建项目文件

至此，读者已经了解了如何在 IDE 中完成一些最简单的编程任务。通过该案例举一反三，读者可应用于各种应用程序类型的开发。

16.2.2   普通 Java 应用程序的开发

在 Netbeans 入门的基础上，再开发、部署一个较复杂的普通 Java 应用程序，以进一步熟悉和掌握 IDE 的使用。在企业软件开发中，经常要借用第三方类库以提高开发速度和软件质量，这是面向对象编程中继承思想的应用。而测试、调试程序则是程序开发必须的过程，使用的经典工具就是 JUnit。本实训案例的任务是指导读者学会在 IDE 中使用第三方提供的 Java 类库，学会使用 JUnit 测试、调试程序。步骤如下：

（1）创建项目。

（2）创建和编辑 Java 源代码。

（3）编译和运行应用程序。

（4）测试和调试应用程序。

（5）生成和部署应用程序。

（6）JavaDoc API 文档。

第一步：创建项目。

创建本项目需要三步操作：

● 创建 Java 类库项目，作为第三方类库，用于提供工具类。

● 创建包含 main 类的 Java 应用程序项目，使用类库中工具类提供的方法完成特定的功能。

● 配置编译类路径。

其中库项目包含一个带有 plus 方法的工具程序类。plus 方法采用一个字符串数组作为参数，然后在控制台把字符串数组中的内容打印出来。MyApp 项目将包含一个 main 类，该类调用 plus 方法。

（1）创建 Java 类库项目需完成如下步骤：

1）选择 File→new project 命令（Ctrl+Shift+N）。在 Categories（类别）下选择 Java，在 Projects 下选择 Java Class Library，单击 Next 按钮。

2）在 Project Name 文本框中，键入 MyLib。将 Project Location 更改为计算机上的任意目录。从现在起，将此目录称为 NetBeansProjects。注意：上面指定的路径在向导的 Project Folder 字段中应显示如下：/NetBeansProjects/MyLib/。

3）选中 Use Dedicated Fold for Storing Libraries 复选框并指定库文件夹的位置（可选）。

4）单击 Finish 按钮。将同时在 Projects 窗格和 Files 窗格中打开 MyLib 项目。

（2）创建 Java 应用程序项目需完成如下步骤：

1）选择 File→New Project 命令，在 Categories 下选择 Java。在 Projects 下选择 Java Application。单击 Next 按钮。

2）在 Project Name 文本框中键入 MyApp。请确保将 Project Location 设置为 NetBeans-Projects。

3）选中 Use Dedicated Fold for Storing Libraries 复选框（可选）。

4）选中 Create Main Class 和 Set as Main Project 复选框。

5）输入 plus.Main 作为主类。

6）单击 Finish 按钮。将在 Projects 窗格中显示 MyApp 项目，并在源代码编辑器中打开 Main.java。

（3）配置编译类路径。

由于 MyApp 将依赖于 MyLib 中的类，因此必须在 MyApp 的类路径中添加 MyLib。另外，也可以通过此操作在 MyApp 项目中使用代码完成功能编写基于 MyLib 项目的代码。在 IDE 中，类路径由 Libraries 节点直观表示。添加类库路径的操作如下：

1）在 Project 窗格中，右键单击 MyApp 项目的 Libraries 节点，然后选择 Add Project 命令，如图 16.9 所示。

图 16.9　添加项目

2）浏览到 NetBeansProjects/目录下，然后选择 MyLib 项目文件夹。Project JAR Files 窗格显示了可以添加到项目中的 JAR 文件。请注意，系统将列出 MyLib 的 JAR 文件，即使尚未实际生成 JAR 文件也是如此。在构建并运行 MyApp 项目时，将生成此 JAR 文件。

3）单击 Add Project JAR Files 按钮。

4）展开 Libraries 节点。MyLib 项目的 JAR 文件将被添加到 MyApp 项目的类路径中。

第二步：创建和编辑 Java 源代码。

创建、编辑源代码需两步操作：

（1）创建 Java 包和类文件。

1）右击 MyLib 项目节点，然后选择 New→Java Class 命令。键入 LibClass 作为新类的名称，在 Package 文本框中键入 org.me.mylib，然后单击 Finish 按钮。将在源代码编辑器中打开 LibClass.java。

2）在 LibClass.java 中，将光标置于类声明（public class LibClass {）后面的行上。键入以下方法代码：

```java
public static int plus(String[] args) {
    int t,sum=0;
    for(String s: args){
        t=Integer.parseInt(s);
        sum=sum+t;
    }

    return sum;
}
```

3）如果粘贴的代码格式较乱，可按 Alt+Shift+F 组合键重新格式化整个文件的代码。

4）按 Ctrl+S 组合键保存该文件。

（2）编辑 Java 文件。

现在向 Main.java 中添加一些代码。在执行此操作的过程中，会看到源代码编辑器的代码完成和代码模板（缩写）功能。首先重新设置代码补全快捷键，因为默认的代码自动补全快捷键是 Ctrl+Space，该快捷键往往被一些输入法软件占用。执行如下操作：

1）选择 Tools→Options 命令。

2）在弹出的对话框的第一行中选择 Keymap，在 Search in Shortcuts 文本框中按 Space 键，这时会过虑只含有 Space 快捷键的列表，如图16.10 所示。

3）在 Show Code Completion Popup 一行中单击 Ctrl+Space 旁边的按钮，选择 Edit 菜单项。然后按下 Ctrl+1 组合键，单击 OK 按钮。

这样就把代码自动补全的快捷键设置成了 Ctrl+1。NetBeans 还提供了另一个代码自动补全快捷键 Ctrl+Alt+Space。接下来做如下操作：

1）在源代码编辑器中选择 Main.java 标签。如果尚未打开该标签，可在 Projects 窗格中展开 MyApp→Source Packages→plus，然后双击 Main.java。

2）删除 main 方法中的 // TODO code application logic here 注释。

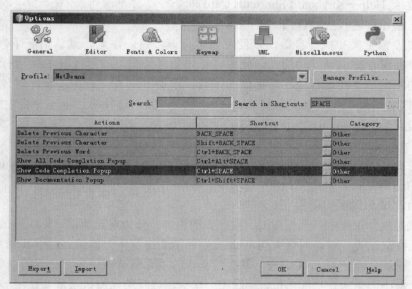

图 16.10　快捷键设置

3）键入下列代码，以代替该注释：

```
int sum=Li
```

将光标保留在紧随 Li 之后的位置。在下一步中，将使用代码完成功能来将 Li 转换为 LibClass。

4）按 Ctrl+1 组合键打开代码完成框。显示一个简短的列表，其中列出了用于完成该词的可能方式。但是，该列表中可能不会列出所需的类 LibClass。再次按 Ctrl+1 组合键以显示较长的可能匹配项列表。此列表中应该包含 LibClass。

5）选择 LibClass，然后按 Enter 键。IDE 将填写该类名的其余部分，并且还将自动为该类创建一个 import 语句。注意：IDE 还将在代码完成框的上面打开一个框，该框显示选定类或包的 Javadoc 信息。由于此包没有对应的 Javadoc 信息，因此该框将显示"找不到 Javadoc"消息。

6）在 main 方法中，在 LibClass 之后输入一个句点，将再次打开代码完成框。

7）选择 plus（String[] args）方法，然后按 Enter 键。IDE 将填写 plus 方法并突出显示 args 参数。

8）按 Enter 键以接受 args 参数。

9）键入分号（;）。该行代码应与下行类似：

```
int sum=LibClass.plus(args);
```

10）按 Enter 键以开始一个新行。然后，键入 sout 并按 Tab 键。sout 缩写将扩展为 System.out.println("");，且光标置于引号之间。在引号内键入"Result ="，并在右引号后面键入"+ args"。该行应与以下行类似：

```
System.out.println("Result =" + sum);
```

11）按 Ctrl+S 组合键保存该文件。

注意：sout 是源代码编辑器中许多可用的代码模板之一。快捷键列表中提供了代码模板的列表，通过选择 Help→Keyboard Shortcuts Card 命令可以打开该列表。

第三步：编译和运行应用程序。

现在需要设置主类和执行参数，以便可以运行该项目。注意，默认情况下，在创建项目时已启用了"在保存时编译"功能，因此无需首先编译代码，即可在 IDE 中运行应用程序。

此程序的输出基于在运行程序时提供的参数。添加 IDE 在运行应用程序时使用的参数：

（1）右击 MyApp 项目节点，选择 Properties 命令，然后选择对话框左窗格中的 Run 节点。主类应该已设置为 plus.Main。

（2）在 Arguments 字段中键入"1 2 3"，然后单击 OK 按钮。

在 IDE 中运行应用程序：选择 Run→Run Main Project 命令（F6）。在 Output 窗格中，应该看到程序的输出结果。

第四步：测试和调试应用程序。

软件测试是软件工程中一项很重要、很庞大的内容，分为单元测试、集成测试、系统测试、白盒测试、黑盒测试等。对访问量大的 Web 程序还需要进行压力测试。由于其庞大、复杂，不便在主教材中讲解。而学习 Java 编程，掌握最基本的单元测试则是非常必要的。单元的含义是指程序的一个最小的系统性功能单位，一般指一个类。进行单元测试通常要使用一些测试工具，而 JUnit 是一个经典的单元测试框架，对其详细信息，读者可访问 http://www.junit.org。

接下来将使用 JUnit 为项目创建并运行测试，然后在 IDE 的调试器中运行应用程序以检查错误。在 JUnit 测试中，将通过以下方式来测试 LibClass：将字符串数组传递到 plus 方法，然后使用 assert 断言标识应生成的结果。

（1）创建 JUnit 测试。

1）在 Projects 窗格中右击 LibClass.java 节点，然后选择 Tools→Create JUnit Test 命令（Ctrl+Shift+U）。

如果这是首次在 IDE 中创建 JUnit 测试，则系统会显示 Select JUnit Version 对话框提示。选择 JUnit 4.x，然后继续执行 Create Tests 对话框中的操作。

2）在 Create Tests 对话框中，单击 OK 按钮以使用默认选项运行命令。IDE 将在单独的 test 文件夹中创建 org.me.mylib 包和 LibClassTest.java 文件。通过展开 Test Packages 节点和 org.me.mylib 子节点，可以找到此文件。

3）在 LibClassTest.java 中，删除 public void testPlus() 方法的方法体。

4）键入以下代码，以代替删除的行：

```
System.err.println("Running testPlus...");
int result=LibClass.plus(1,2);
assertEquals("Correct value", 3, result);
```

5）通过按 Ctrl+S 组合键保存该文件。

（2）运行 Unit 测试。

1）选择 MyLib 项目节点，然后选择 Run→Test Project (MyLib) 命令（Alt+F6）。将在 Output 窗格中打开 MyLib (test) 标签。同时，将编译并运行 JUnit 测试用例。JUnit 测试结果显示测试

是否通过。

2）还可以运行单个测试文件，而不是测试整个项目。在源代码编辑器中选择 LibClass.java 标签，然后选择 Run→Test File 命令。

在 JUnit 测试用例中使用了 JUnit API，如 assertEquals，可以从 IDE 中获取 JUnit API 文档。选菜单 Help→Javadoc Reference→JUnit <版本号>命令。

（3）调试应用程序。

下面将使用调试器来逐步执行应用程序，并观察在加法计算时变量值的变化情况。

在调试器中运行应用程序：

1）在 LibClass.java 文件中，转至 plus 方法，并在 for 循环内部的任何位置放入光标插入点。然后，按 Ctrl+F8 组合键设置断点。

2）选择 Debug→Debug Main Project 命令（Ctrl+F5）。IDE 将打开调试器窗口并在调试器中运行该项目，到达断点时暂停。

3）选择 IDE 底部的 Variables 窗口，然后展开 args 节点。字符串数组包含了输入的命令行参数。

4）按 F7 键（或选择 Debug→Step into 命令）以逐步执行程序，同时观察 sum 变量的变化情况。

当程序到达结尾时，调试器窗口随即关闭。

第五步：构建和部署应用程序。

在对应用程序正常工作感到满意后，即可准备在 IDE 之外部署应用程序，以脱离 IDE 而独立地运行程序。接下来将生成应用程序的 JAR 文件，然后从命令行运行 JAR 文件。

（1）构建应用程序。

IDE 中的主构建命令为 Clear and Build。该命令可以删除以前编译的类和其他生成工件，然后从头开始重新编译、构建整个项目。

注意：Build 命令不会删除旧的生成工件。

选择 Run→Clear and Build Main Project 命令（Shift+F11）。

在 Output 窗口中会显示出相关输出信息。如果未显示 Output 窗格，则可以通过选择 Window→Output→Output 命令（Ctrl+4）手动打开该窗格。

清理并生成项目时，会出现以下情况：

1）将删除由以前的 Build 操作生成的输出文件夹（一般为 build 和 dist 文件夹）。

2）build 和 dist 文件夹将添加到项目文件夹（以下称为 PROJECT_HOME 文件夹）中。

3）所有源代码将编译到.class 文件中，这些文件被置于 PROJECT_HOME/build 文件夹内。

4）将在 PROJECT_HOME/dist 文件夹内创建包含项目的 JAR 文件。

5）如果已为该项目指定了除 JDK 库之外的任何库，则将在 dist 文件夹中创建 lib 文件夹。这些库将被复制到 dist/lib 中。

6）JAR 中的清单文件更新后，将包括用于指定主类的条目及项目的类路径中的所有库。

注意：可以在 IDE 的 Files 窗格中查看清单的内容。生成项目后，切换到 Files 窗格并导航至 dist/MyApp.jar。展开 JAR 文件的节点，展开 META-INF 文件夹，然后双击 MANIFEST.MF，以便在源代码编辑器中显示清单。

（2）在 IDE 外部运行应用程序。

执行如下步骤：

1）打开命令提示符或终端窗口。

2）在命令提示符下，将目录更改为 MyApp/dist 目录。

3）在命令行中，键入以下语句：

```
java -jar MyApp.jar 1 2 3
```

随后，将执行应用程序并返回以下输出：Result = 6。

（3）将应用程序分发给其他用户。

现在已验证了应用程序能够在 IDE 外部运行，接下来便可以分发该应用程序。

分发应用程序，执行如下步骤：

1）创建一个 ZIP 文件，该文件包含应用程序 JAR 文件（MyApp.jar），并附带包含 MyLib.jar 的 lib 文件夹。

2）将该文件发送给要使用该应用程序的人员，指示他们解压缩该 ZIP 文件，并确保 MyApp.jar 文件和 lib 文件夹位于同一个文件夹中。

3）指示用户按照在 IDE 外部运行应用程序中的步骤进行操作。

第六步：Javadoc API。

在项目开发中不可避免要经常查阅 JDK API doc，最后在发布项目时，也需要生成相应的 API doc 文档。下面就来完成这两件事。

（1）在 IDE 中查阅 JDK API Doc。

1）首先需要 JavaSEAPI 文档，可从本书附带的光盘中或者从 http://java.sun.com/javase/downloads/index.jsp 中下载该文档。

2）选择 Tools→JavaPlatforms 命令。

3）在弹出的窗格中单击 Javadoc 标签。

4）单击"添加 ZIP/文件夹"按钮，然后导航至系统上包含 JDK Javadoc 的 ZIP 文件或文件夹。选择该 ZIP 文件或文件夹，然后单击 Add Zip Fold 按钮。添加 ZIP 压缩格式的 jdk-docs.zip。

5）单击 Close 按钮。

查阅 JDK API 时，在源代码文件中只需要把光标放到某个类名上，然后按下 Shift+F1 组合键或者选择 Help→Javadoc Index Search 命令，这样非常方便，大大节省了查阅 Javadoc API 文档所需要的时间。

（2）为项目生成 Javadoc。

可以根据添加到类中的 Javadoc 注释为项目生成 Javadoc 文档。只需要执行如下步骤：

1）选择 MyLib 项目。

2）从 IDE 的主菜单中选择 Run→Generate Javadoc(MyLib)命令。

生成的 Javadoc 将被添加到项目的 dist 文件夹中。此外，IDE 还将打开一个 Web 浏览器，用于显示 Javadoc。

Netbeans IDE 功能强大，使用复杂，本实训引导读者由"JDK+文本编辑器"转移到 IDE。通过本实训，读者能够掌握 Netbeans IDE 的基本使用，关于其他的功能和使用方法，读者可以在项目开发实践中，通过查阅 Netbeans 的帮助文件来学习。

实训 17 JUnit 单元测试

17.1 实训目的

通过实训的方式让读者掌握单元测试工具 JUnit 的基本使用方法。

17.2 实训案例

17.2.1 JUnit 简介

JUnit 框架是开放式源代码产品,它支持测试开发,并提供运行这些测试的环境。IDE 已经把 JUnit 集成进来。IDE 支持 JUnit3 和 JUnit4 单元测试。有关 JUnit 的详细信息,请参见 http://www.junit.org。

1. 测试类型

使用 IDE 可以创建以下内容:

(1)空测试。没有测试方法的测试框架,尚未指定要测试的任何类。

(2)现有类的测试。包含实际测试方法的类,这些方法镜像了要测试的源代码的结构。

(3)测试套件。汇集在一起的几组测试类,允许对整个应用程序或项目进行测试。

可以使用以下方法生成测试和测试套件:在 Projects 窗格中选择任何类或包节点,然后从主菜单中选择 Tools→Create JUnit Tests 命令。

2. JUnit 测试结构

IDE 将单元测试表示为子树,这些子树反映了项目的 Java 包结构。默认情况下,在 IDE 生成测试时,每个测试类的名称都由它所测试的类名后追加 Test 一词组成(如 MyClassTest.java)。每个标准项目都有一个默认测试文件夹,用于存储 JUnit 测试和测试套件。此文件夹在 Projects 窗格中显示为 TestPackages 节点。可以在项目中添加任意数量的测试文件夹。测试文件及其测试的源文件不能位于相同的源代码树中。

17.2.2 使用 JUnit

使用 JUnit,需要如下步骤:

(1)创建、编辑测试。

(2)运行测试。

(3)调试测试。

第一步:创建、编辑测试。

通过使用 JUnit 测试生成器,可以创建测试类框架,用于单元测试。可以为单个类和整个包创建单元测试,也可以创建空的测试框架用于以后创建的源代码测试。

　　为单个类创建测试的操作步骤是：

　　（1）在 Projects 窗格中右键单击该类。

　　（2）选择 Tools→Create JUnit Test 命令，打开 Create Tests 对话框。

　　（3）选择所需的代码生成选项，然后单击 OK 按钮。

　　创建测试套件的操作步骤是：

　　（1）在 Projects 窗格中，右击包含要生成测试套件的源文件的包节点。

　　（2）从弹出的菜单中选择 Tools→Create JUnit Tests 命令。

　　（3）选中 Generate Test Suites。

　　（4）选择所需的代码生成选项，然后单击 OK 按钮。

　　IDE 将为包含的所有类生成测试类，并将其存储在项目的 Test Packages 节点中。如果已经存在任何测试类，则会对这些类进行更新。默认情况下，所有测试类将作为生成的测试套件的一部分包含在 IDE 中。

　　此外，还可以通过以下方法创建测试套件：使用"新建文件"向导并在 JUnit 类别中选择 Test Suite。

　　创建空的测试的操作步骤如下：

　　（1）从主菜单中选择 File→New File 命令。

　　（2）在"新建文件"向导的 Categories 窗格中选择 JUnit。

　　（3）在 File Types 窗格中选择 JUnit Test。单击 Next 按钮。

　　（4）指定测试类名、文件夹和包。

　　（5）选择所需的代码生成选项，然后单击 Finish 按钮。

　　指定测试目录的操作步骤是：

　　（1）右击 Projects 窗格中的项目节点，然后选择 Properties 命令。

　　（2）在属性窗口的 Categories 窗格中选择 Sources。

　　（3）在 Test Package Folders 列表中，定义测试包文件夹的属性。可以添加或删除用于测试包的文件夹，并修改测试包文件夹在 Projects 窗格中显示的名称。

　　（4）单击 OK 按钮。

　　注意：项目必须包含测试包文件夹才能生成 JUnit 测试。如果项目的测试包文件夹丢失或不可用，可以在项目中创建新的文件夹，然后在项目的属性窗口中将新文件夹指定为测试包文件夹。

　　至此创建测试就介绍完了，下面是编辑测试。所谓编辑测试，就是将测试的业务逻辑代码添加到测试框架中，这是编程的问题。

　　第二步：运行测试。

　　在创建测试或测试套件后，可以使用"运行测试"命令启动测试。"运行测试"命令仅适用于源节点。在运行测试后，可以选择重新运行在测试期间执行（并显示在"JUnit 测试结果"窗口中）的单个测试方法。

　　为整个项目运行测试的操作步骤是：

　　（1）在 Projects 或 Files 窗格中，选择要测试的项目中的任何节点或文件。

　　（2）从主菜单中选择 Run > Test project 命令。

　　IDE 将执行项目的所有测试。

如果要运行项目的一部分测试，或者按特定顺序运行测试，可以创建测试套件，以便指定要作为该套件的一部分运行的测试。在创建测试套件后，可以使用与运行单个测试类相同的方法运行该套件。

为单个类运行测试的操作步骤如下：

（1）在 Projects 或 Files 窗格中选择要运行测试的类的节点。

（2）从主菜单中选择 Run→Test File 命令。

还可以这样来运行类测试：选择测试类节点本身，然后选择 Run→Run File 命令。

运行单个测试方法的操作步骤是：

（1）运行包含该测试方法的测试类或套件。

（2）在 JUnit Test Results 窗口中，右击该测试方法，然后选择 Run Again 命令。

注意：要运行单个测试方法，必须在"JUnit 测试结果"窗口中列出该方法。

使用 JUnit 测试输出的操作步骤：运行测试时，IDE 将在"JUnit 测试结果"窗口的两个标签中显示测试结果：该窗口的左窗格中显示通过的测试和失败的测试的摘要信息，以及对失败测试的描述。单击过滤器按钮，可以在查看所有测试结果和仅查看失败测试之间进行切换。该窗口的右窗格中显示来自 JUnit 测试本身的文本输出。"输出"窗口中显示用于生成和运行测试的输出信息。双击任何错误信息就可以跳到代码中出现该错误的行。

第三步：调试测试。

（1）选择要调试测试的类的节点。

（2）从主菜单中选择 Debug→Debug Test File 命令。

IDE 将在调试器中运行测试，以便可以检查测试中是否存在错误。还可以这样来调试类测试：选择测试类节点本身，然后选择 Debug→Debug File 命令。

17.2.3　配置 JUnit

在 IDE 中，可以在创建测试时定制生成测试的过程。还可以编辑 IDE 在编译测试时引用的 Source（源代码文件）的列表。

在创建测试时编辑 JUnit 设置的操作步骤如下：

（1）右击要创建测试的 Source。

（2）选择 Tools→Create JUnit Tests 命令。

（3）在"创建测试"对话框中，为测试选择所需的代码生成选项。IDE 将使用指定的选项创建测试。

编辑用于编译或运行测试的类路径的操作步骤是：右击项目的"测试库"节点，然后选择以下任一内容：

（1）Add Project。另一个 IDE 项目的生成输出、源文件和 Javadoc 文件。

（2）Add Library。二进制文件、源文件和 Javadoc 文件的集合。

（3）Add JAR/Folder。位于系统某个位置上的 JAR 文件或文件夹。

IDE 将基于新的设置来调整和存储类路径优先级。

实训 18   在 Netbeans 中调试程序

18.1   实训目的

使用 Netbeans 调试器完成 Java 程序的调试任务。

18.2   实训案例

调试是检查应用程序是否存在错误的过程。可通过在代码中设置断点和监视，并在调试器中运行代码来完成调试过程。这样，可以逐行执行代码，并通过检查应用程序的状态来发现任何问题。启动调试会话时，将在 IDE 的左窗格中打开"调试"窗格。此外，还会在屏幕底部自动显示其他调试器窗格。

使用 Netbeans 调试 Java 程序，需要完成以下步骤：

（1）调试的准备工作。

（2）启动调试会话。

（3）监视代码。

（4）结束调试会话。

18.2.1   调试的准备工作

调试的准备工作一般要完成如下工作：

（1）为借用的类库附加源代码。

（2）在代码中设置断点。

（3）在代码中设置监视。

1. 为借用的类库附加源代码

在将借用的 JAR 文件或编译类的文件夹添加到项目类路径时，添加这些类的源文件通常是很有用的，这样就可以在使用它们时查看其内容。通过将源代码附加到 JAR 文件或编译类的文件夹，IDE 能够知道在什么位置查找这些类的源代码。可以随后在调试时步入源文件，并使用"转至源"命令打开源文件。

为了能够在 IDE 中正常使用代码完成功能，必须附加一个包含整套源文件的文件夹，或者将可用源文件作为 ZIP 归档文件进行添加。

将源代码附加到 JAR 文件或编译类的文件夹的操作步骤如下：

（1）从主菜单中选择 Tools→Libraries 命令。

（2）在库管理器的左窗格中，选择要添加源代码的 JAR 文件所在的项目库。

注意：在库管理器的"类库"列表中仅列出了已经在 IDE 中注册的库。

（3）对于要添加源代码的 JAR 文件或类文件夹，如果尚未将其添加到注册的库中，可使用 New Library 按钮创建一个新的空库。在 Classpath 标签中，单击 Add JAR/Folder，然后指定包含编译的类文件的 JAR 文件的位置。

注意：类库可以包含多个 JAR 文件及其 Javadoc 文档和源代码。

（4）在 Sources 标签中，单击 Add JAR/Folder 以添加包含源代码的文件夹或归档文件。

（5）单击 OK 按钮退出库管理器。IDE 会将选定的 JAR 文件和源代码添加到指定的库中，并自动在每个项目（其类路径中包含该 JAR 文件）中注册源代码。

（6）在为单个 JAR 文件创建 Java 类库时，只需将该 JAR 文件添加到项目的类路径中，即可提供关联的 Javadoc 和源代码。但是，如果 Java 库包含多个 JAR 文件，则必须将库自身添加到类路径中。通过将库添加到类路径中，还可以更方便地与其他开发者共享项目。

（7）也可以使用项目的 Project Properties 窗口将源代码与 JAR 文件相关联。不过，这样做只会为该项目创建关联。右击项目节点并选择"属性"命令以打开"项目属性"对话框。在"类别"窗格中，选择"库"节点。接下来，选择要与源代码关联的 JAR，单击"编辑"按钮，然后可以指定要关联的源代码。

附加 Java 平台的源代码的操作步骤如下：

（1）从主菜单中选择 Tools→Java Platforms 命令。

（2）在对话框的左窗格中选择该平台。

（3）在 Sources 标签中，添加包含源代码的文件夹或归档文件。

2. 在代码中设置断点

在代码中设置断点分 4 个部分来讲解：IDE 中的断点、设置 Java 断点、设置条件断点、断点分组。

（1）IDE 中的断点。

断点是源代码中的标志，它会通知调试器停止执行程序。当程序在断点处停止时，可以执行诸如检查变量值和单步执行程序等操作。IDE 允许使用"新建断点"对话框设置多种类型的断点。也可以直接在源代码编辑器中设置行断点。可以为以下类型的源元素设置断点：

1）类。可以在将类装入虚拟机和（或）从虚拟机中卸载类时中断程序的执行。

2）异常。可以在以下情况下中断程序执行：捕获到特定异常、在源代码中未处理特定异常或者遇到任何异常（无论程序是否处理该错误）。

3）字段。可以在访问（如使用作为参数的变量来调用方法）和（或）修改特定类中的字段时停止执行程序。

4）方法。每次进入和（或）退出方法时停止执行程序。

5）线程。可以在线程开始和（或）停止时中断程序执行。

源代码编辑器通过以下方式来标明断点：以红色突出显示设置了断点的行，并在左边距中放置标注。

所有 Java 断点都是全局定义的，因此，它们会影响源代码中设置了断点的所有 IDE 项目。例如，如果在某个项目中的 com.me.MyClass 上设置了类断点，则在其他项目（包含该类）的调试会话期间，IDE 每次遇到该类时都会停止执行。可以通过选择 Window→Debugging→Breakpoints 命令来查看和组织所有 IDE 断点。

（2）设置 Java 断点。

1）在源代码编辑器中设置行、字段或方法断点的操作步骤是：在源代码中单击某一行旁边的左旁注，或者将插入点置于该行上，然后按 Ctrl+F8 组合键。

根据行中包含的是字段声明、方法声明还是其他代码来创建字段断点、方法断点或行断点。源代码行旁边的左旁注中将显示相应的断点标注。当调试器会话在启动或已运行时，IDE 将测试所设置的断点是否有效。如果断点无效，IDE 将使用中断标注指明断点无效，并在"调试器控制台"中显示错误消息。

2）设置所有其他类型的断点的操作步骤是：

①在源代码编辑器中，选择要设置断点的代码元素。

②选择 Debug→New Breakpoints 命令。将打开"新建断点"对话框，并填充了建议的断点类型和目标。

③如有必要，在 Breakpoints Type 下拉列表中调整建议的断点类型。

④输入要为其设置断点的包和类名。

⑤在"新建断点"对话框中，设置所需的任何其他选项，然后单击 OK 按钮。IDE 将为选定的源元素创建新的断点。

3）修改现有断点的操作步骤是：

①选择 Window→Debugging→Breakpoints 命令打开断点窗口。

②右击任意断点，选择 Properties 命令打开"断点属性"对话框。

③调整任何所需的设置或操作，然后单击 OK 按钮。IDE 将为选定的源元素更新断点。

4）启用和禁用断点的操作步骤是：在"断点"窗口中右击该断点，然后选择 Enable 或 Disable 命令。

需要注意的两点是：

①可以使用以下方法来修改和启用行断点、字段断点和方法断点：右击源代码编辑器左旁注中的断点图标，然后从"断点"子菜单中进行选择。

②在调试会话正在运行时，可以在"新建断点"对话框中使用代码完成功能。

（3）设置条件断点。

可以在断点上设置条件，以便仅当符合条件时才会中断执行。可通过选中"条件"复选框并输入条件，在线程断点以外的任何断点上设置条件。对于所有断点，可使用以下方法指定断点的触发频率：选中"进行命中计数时中断"复选框，然后从下拉列表中选择一个条件并指定数值。

类断点和异常断点可用于设置以下条件：

1）对于类断点，可使用以下方法排除触发断点的类：选中"排除类"复选框，然后指定要排除的类。

2）对于异常断点，可使用以下方法过滤触发断点的类：选中"过滤抛出异常的类"复选框，然后指定要匹配或排除的类名。

设置断点条件的操作步骤是：

1）创建新的断点或打开现有断点的定制器，方法是：在"断点"窗口中右击其名称，然后选择"定制"命令。

2）选中"条件"复选框，然后在"条件"文本框中键入条件。条件必须遵循 Java 语法规则。条件可在等号（=）右侧包含任何内容。条件也可包括当前上下文中的变量和方法。以下为异常情况：

①忽略导入。必须使用全限定名称，如 obj instanceof java.lang.String。

②不能直接访问外部类方法和变量。应使用 this.variableName 或 this$1。

3）选中"进行命中计数时中断"复选框，然后从下拉列表中选择一个条件并指定数值。

（4）断点分组。

"断点"窗口列出了为所有 IDE 项目定义的全部断点。如果在 IDE 中设置了很多断点，则将这些断点归到不同的组中是非常有用的。将断点放到组中之后，可以将它们作为一个单元进行启用、禁用和删除。

将断点添加到组中的操作步骤是：

1）选择 Window→Debug→Breakpoints 命令以打开"断点"窗口。

2）右击断点，然后选择 Move Into Group...→New 命令。

3）键入组的名称，然后单击 OK 按钮。IDE 将创建该组（如果该组尚未存在），并将断点移到其中。

从组中删除断点的操作步骤是：

在"断点"窗口中，右击断点，然后选择 Move Into Group...→<Default>。IDE 会将该断点从组中删除。

3．在代码中设置监视

通过监视可以在程序执行期间跟踪变量或表达式值的变化。"监视"窗口列出了为所有 IDE 项目定义的全部监视。可通过选择 Window→Debugging→Watches 命令来打开"监视"窗口。也可以从源代码编辑器中直接创建监视。

通过源代码编辑器创建监视的操作步骤如下：

（1）在源代码编辑器中选择变量或表达式，右击，然后选择 New Watch 命令。将打开"新建监视"对话框，并且已经在文本框中输入了变量或表达式。

（2）单击 OK 按钮。将打开"监视"窗口，并且新的监视处于选中状态。

注意：在指定表达式时，应遵守所用调试器的语法规则。

当创建了监视，系统将立即计算变量或表达式的值，并在"监视"窗口中显示该值。监视值是根据当前上下文而定的。更改当前上下文时，将更新"监视"窗口以显示针对该上下文的监视值。

在调试会话正在运行时，可以在"新建监视"对话框中使用代码完成。

18.2.2　启动本地调试会话

本地调试是一种调试应用程序的过程，该调试过程与 IDE 均在同一台计算机上运行。IDE 启动调试器，然后在该调试器内运行应用程序。在启动调试会话时，IDE 将自动打开调试器窗口，并将调试器内容导出到"输出"窗口中。

1．调试主项目

"调试"菜单中的所有调试命令都是针对主项目运行的。无论在"项目"窗口或源代码编辑器中选择了哪种文件或项目，这些命令（如表18.1所示）均在主项目的主类中开始调试会话。

2．调试单个项目

在 Projects 窗格中右击该项目，然后选择 Debug 命令。IDE 在调试器中运行该项目，直至执行停止或到达断点。

表 18.1   调试命令

命令	快捷键	描述
Debug→Debug Main Project	Ctrl+F5	运行程序，直至到达断点或遇到异常时停止，或者程序正常终止为止
Debug→Step Into	F7	将程序运行到 main 例程后的第一行，并在对程序状态做出任何更改之前暂停执行
Debug→Run to Cursor	F4	将程序运行到源代码编辑器中的光标位置并暂停程序。必须从主项目的主类中调用在源代码编辑器中选择的文件

3. 调试单个文件

在 Projects 窗格中选择任何可运行的文件，然后选择 Debug→Debug File 命令。IDE 将在调试器中运行该文件，直至执行停止或到达断点。

18.2.3 监视代码

1. 步入执行代码

停止执行程序后，可以使用"调试"菜单或工具栏中的以下命令逐步执行代码行：

（1）Step Over（F8）。执行一行源代码。如果源代码行包含调用，则执行整个例程而不逐步执行各个指令。

（2）Step Over Expression（Shift+F8）。执行表达式中的一个方法调用。如果表达式中包含多个方法调用，则可以使用 Step Over Expression 以逐步执行表达式，并在"局部变量"窗口中查看表达式中的每个方法调用的值。在每次使用 Step Over Expression 命令时，调试器都会继续执行表达式中的下一个方法调用，并且会在已完成的方法调用下面加下划线。如果没有其他方法调用，Step Over Expression 的执行方式与 Step Over 类似。

（3）Step Into（F7）。执行源代码行中的一个方法调用。如果该行有多个方法调用，可以选择要步入的方法调用，方法是：在源代码编辑器中使用方向键或鼠标选择该方法调用。在源代码编辑器中，选定的要步入的方法调用周围会显示一个框。默认情况下，将选定行中最可能的方法调用。

（4）Step Into Next Method（Shift+F7）。执行一行源代码。如果源代码行包含调用，则 IDE 刚好在执行例程的第一条语句之前停止。还可使用"步入"命令启动调试会话。在对程序状态进行任何更改之前，程序会在 main 例程之后的第一行停止执行。

（5）Step Out（Ctrl+F7）。执行一行源代码。如果源代码行是某个例程的一部分，则会执行该例程的其余各行，然后将控制权返回给例程的调用者。将在源代码编辑器中突出显示已完成的方法调用。

2. 查看调试信息

（1）在调试时查看变量和表达式。

在 IDE 的"局部变量"窗口中列出了局部变量，但是也可以直接在源代码编辑器中计算变量的值。

通过步入一个表达式，可以查看表达式中的每个方法调用返回的值。

1）对于当前调用中的每个变量，"局部变量"窗口将显示相关信息，其中包括变量名称、类型和值。"局部变量"窗口还显示了每个变量当前类和所有超类中的所有静态字段，以及从所有超类继承的所有字段。

可以直接在"局部变量"窗口中更改局部变量的值，然后使用新值在原地继续运行程序。

有时，调试器将一个磅符号（#）和一个数字指定为变量值。此数字是给定实例的唯一标识符。可以使用此标识符来确定变量是指向同一实例还是指向不同的实例。无法对此值进行编辑。

2）在源代码编辑器中计算变量的值。

可以在源代码编辑器中将插入点移到变量上直接计算变量的值。如果变量在当前上下文中处于活动状态，则会在工具提示中显示此变量值。如果程序中包含具有同一名称的不同变量，则源代码编辑器将根据当前上下文（而非源代码中变量的实例）来显示变量值。

通过设置对变量的监视，可在程序执行期间跟踪变量值的变化情况。创建监视时，变量的值会被立即计算出来，并显示在"监视"窗口中。

3．查看应用程序线程

（1）使用"调试"窗口查看线程。

"调试"窗口在 IDE 的左窗格中打开，并显示当前调试会话中的线程列表。在"调试"窗口中，可以暂停和恢复线程，以及查看在执行当前线程期间执行的调用序列。通过在"调试"窗口中右击线程和调用，弹出快捷菜单，以便对该项执行操作。使用该窗口底部的工具栏可以修改显示的线程。

默认情况下，在启动调试会话时，将自动打开"调试"窗口。通过选择 Window→Debugging →Debugging 命令，可随时打开"调试"窗口。"调试"窗口采用不同的图标来描述线程的不同状态。

右击某个线程或调用会弹出菜单，可以从中选择下列操作：

1）Make Current。使选定线程成为当前线程。此命令等价于双击线程。

2）Go to Source。在选定线程的栈中显示最新框架的源代码。

3）Pop to Here。使调用成为调用栈中的顶层调用，从而在栈中清除它上面的调用。

4）Copy Stack。捕获调用栈的文本表示形式，并复制到剪贴板中。

可以使用"调试"窗口底部的工具栏来修改线程和调用的显示方式。

（2）修复错误并继续调试。

如果在调试过程中发现了问题，则可以使用"应用代码更改"命令来修复源代码，然后继续对更改后的代码进行调试，而不必重新启动程序。

不能使用"应用代码更改"命令执行以下操作：

1）更改字段、方法或类的修饰符。

2）添加或删除方法或字段。

3）更改类的分层结构。

4）更改尚未装入虚拟机中的类。

修复代码的操作步骤：从主菜单中选择 Debug→Apply Code Changes 命令以重新编译并开始修复源代码。如果在编译过程中出错，则不会对程序进行任何更改。根据需要编辑源代码，然后再次执行"应用代码更改"命令。如果没有错误，则会将产生的对象代码转换到当前执行的程序中。但是，调用栈中的所有调用都将继续运行未修复的代码。要使用修改后的代码，必须从调用栈中弹出所有包含修改代码的调用。在重新输入这些调用后，它们将使用修改后的代码。

注意：如果修改了当前运行的方法，IDE 将显示一个警报框。如果单击"弹出调用"按钮，则会从当前调用栈中删除最近的调用。如果单击"保留调用"按钮，程序将以代码的原始版本执行。如果栈中只有一个调用，则不能弹出该调用，然后继续执行。继续执行程序，以验证代码的修复版本是否正常运行。

Apply Code Changes 命令不会自动重新生成 JAR 文件、可执行文件或类似文件。如果要在新的会话中调试这些文件，则必须重新生成。

18.2.4　结束调试会话

完成当前的调试会话。如有必要，可以使用 Shift+F5 快捷键停止当前的调试会话。也可以使用"会话"窗口关闭特定的调试会话。完成当前的调试会话的操作步骤是：选择"调试"→"完成调试器会话"命令（Shift+F5）。完成某个调试会话的操作步骤是：选择"窗口"→"调试"→"会话"命令（Ctrl+Alt+6）以打开"会话"窗口。右击要停止的调试会话，然后选择"完成"命令。

实训 19 综合开发 1：计算器

19.1 实训目的

通过采用 Netbeans 重新开发实训 15 中的计算器程序，训练读者掌握使用 Netbeans 进行 AWT GUI 程序的综合开发技能。

19.2 实训案例

进行 GUI 程序开发需要三要素：界面组件、容器布局与事件处理。下面就来介绍如何采用 Netbeans 重新开发实训 15 中的计算器程序。通过本实训，读者能够掌握：

（1）GUI 的界面布局设计。

（2）GUI 的事件处理，包括多组件的相同事件处理。

（3）熟悉 Netbeans 的 GUI Builder（GUI 生成器）的使用。

本案例的操作过程，读者可以参考附带光盘中的 Flash 录像。

19.2.1 第一步：新建项目

（1）选择 File→New Project 命令。

（2）在 Categories 窗格中选择 Java 节点，在 Projects 窗格中选择 Java Application。单击 Next 按钮。

（3）在 Project Name 文本框中输入 MyCalculator，然后指定项目位置。

（4）不选择 Use Dedicated Folder for Storing Libraries 复选框。

（5）选中 Set As Main Project 复选框。

（6）不选择 Create Main Class 复选框。

（7）单击 Finish 按钮。

19.2.2 第二步：新建窗体 Frame

（1）在 Projects 窗格中，单击 MyCalculator 节点，然后选择 File→New File 命令。

（2）在 Categories 中选择 AWT GUI Forms。

（3）在 File Types 中选择 Frame Form，单击 Next 按钮。

（4）在 Class Name 中输入 MyFrame。

（5）在 Package 中输入 my。

（6）单击 Finish 按钮。

IDE 将创建 MyForm 窗体（MyFrame 类），并在 GUI 生成器中打开该窗体。请注意，my 包取代了默认包。

19.2.3　第三步：加入计算器屏幕视窗

（1）从 Netbeans 右端的 Palette 模板中选择 AWT TextField 部件。

（2）然后移动鼠标到 GUI 设计器的上部，出现黄色虚线框时单击，就把该组件加入到 MyFrame 容器的 North 区域，如图 19.1 所示。

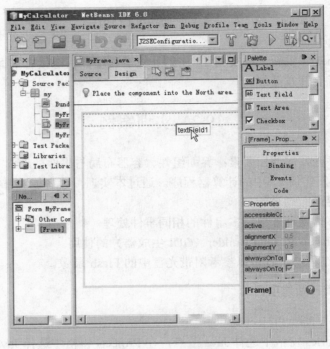

图 19.1　添加组件

（3）在 Netbeans 右下角 Properties 窗格中单击 Properties 标签，清空 text 属性值。

（4）在 Properties 窗格中单击 Code 标签，修改 Variable Name 为 screen。

19.2.4　第四步：加入面板容器与布局

（1）从 Netbeans 右端的 Palette 模板中选择 AWT Panel 部件。

（2）移动鼠标到 GUI 设计器的中部，出现黄色虚线框时单击，就把该组件加入到 MyFrame 容器的 Center 区域。

（3）在 Netbeans 左下角的 Inspector 窗格中，展开 panel1 组件，右击 FlowLayout，弹出快捷菜单，然后选择 GridLayout 命令。

（4）在 Netbeans 右下角的 Properties 窗格中，设置 GridLayout 的行列数为 5 行 4 列。

19.2.5　第五步：加入计算器按钮

（1）在 AWT Palette 中单击 Button 组件。

（2）移动鼠标到 GUI 设计器中央，按住 Shift 键并单击，则可以连续加入按钮组件，一共加入 20 个按钮。按 Esc 键，停止继续添加按钮操作。

（3）设置每个组件的 Label 属性，如图 19.2 所示。

图 19.2　修改按钮的 Label 属性

至此 GUI 界面部分就完成了，可以预览一下，如图19.3所示。当然，也可以在 GUI 界面设计的过程中一边设计一边预览，不断调整 GUI 设计。

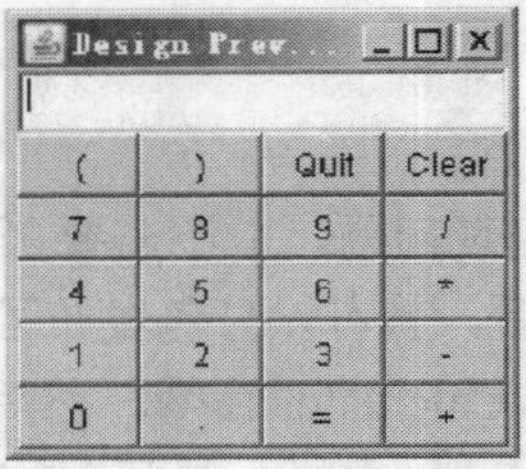

图 19.3　计算器界面预览

19.2.6　第六步：事件处理

除了=、Quit、Clear 三个按钮之外的其他按钮，可以使用同一个事件处理，操作步骤如下：

（1）按住 Shift/Ctrl 键并连续单击除=、Quit、Clear 之外的所有按钮，注意此时左下角 Inspector 窗格中按钮的变化，还有右下角 Properties 窗格下面的面板的变化。

（2）右击，选择 Properties 命令，弹出 MultipeObjects-Properties 窗口，该窗口与 Netbeans 右下角的 Properties 窗格。

（3）选择 Events 标签，单击 actionPerformed 右端的省略号按钮，弹出 Handlers for actionPerformed 窗口，单击 Add 按钮，弹出 New Handler 窗口，在文本框中输入 setScreen，

然后单击 OK 按钮。

（4）单击 Handler for actionPerformed 窗口的 OK 按钮。

（5）单击 actionPerformed 右端的下拉按钮，选择刚才设置的 setScreen。

（6）单击 Close 按钮，则自动转到 setScreen 方法的代码处。

（7）键入如下代码，实训 setScreen 方法：

```
Button btn = (Button) evt.getSource();
screen.setText(screen.getText() + btn.getLabel());
```

键入代码时，可以采用代码自动提示功能（使用 Ctrl+Alt+Space 快捷键）。

（8）保存源代码。

（9）由于 Netbeans 自动插入了 main 方法，所以现在可以运行该程序，看看刚才实现的事件处理的效果。单击"运行"按钮（绿色三角形按钮），然后单击计算器的按钮，看看计算器的屏幕对应的输入是否正确。

为多个按钮设置同一个事件句柄 setScreen，反映在代码上，实际是每个按钮的事件监听器的实现方法 actionPerformed 都调用了 setScreen 方法。

下面分别为其他三个按钮设置事件处理句柄：

（1）在 GUI Builder（Netbeans 中间的 GUI 设计区域）单击 Design 标签，回到 GUI 设计界面。

（2）双击 Quit 按钮，则自动转到该按钮的事件处理句柄的代码处。输入代码：

```
System.exit(0);
```

（3）单击 Design 标签回到 GUI 设计界面，双击 Clear 按钮，实现该按钮的事件处理，输入如下代码：

```
screen.setText("");
```

（4）重复上面的步骤，实现"="按钮的事件处理，这时可以把实训 15 中计算器的该按钮的事件处理代码复制过来。

19.2.7　第七步：打包发布

由于本实训较简单，一般不会出现问题，故不需要采用 JUnit 进行测试，也不需要调试。在 Netbeans 中运行该程序确认无误后，就可以打包发布了，操作步骤如下：

（1）在 Projects 窗格中选择 MyCalculator 命令，然后右击，选择 Clean and Build 命令。

（2）单击 Files 标签，切换到 Files 窗格，展开 MyCalculator 下的 dist 目录，则生成了 MyCalculator.jar 和 readme.txt 两个文件，阅读一下 readme.txt 文件。

19.2.8　脱离开发环境运行程序

打开命令行窗口，切换到 MyCalculator/dist 目录，运行 java -jar MyCalculator.jar。

19.2.9　程序代码

请读者比较通过 GUI Builder 设计的 GUI 界面与自动生成的代码之间的关系。使用 GUI Builder 创建的计算器的代码如下：

```
1  /*
2   * To change this template, choose Tools | Templates
```

```
 3   * and open the template in the editor.
 4   */
 5
 6  /*
 7   * MyFrame.java
 8   *
 9   * Created on Dec 17, 2009, 4:43:47 PM
10   */
11  package my;
12
13  import java.awt.Button;
14  import java.util.Stack;
15
16  /**
17   *
18   * @author Administrator
19   */
20  public class MyFrame extends java.awt.Frame {
21
22      /** Creates new form MyFrame */
23      public MyFrame() {
24          initComponents();
25      }
26
27      /** This method is called from within the constructor to
28       * initialize the form.
29       * WARNING: Do NOT modify this code. The content of this method is
30       * always regenerated by the Form Editor.
31       */
32      // <editor-fold defaultstate="collapsed" desc="Generated Code">
     //GEN-BEGIN:initComponents
33      private void initComponents() {
34
35          screen = new java.awt.TextField();
36          panel1 = new java.awt.Panel();
37          button1 = new java.awt.Button();
38          button2 = new java.awt.Button();
39          button3 = new java.awt.Button();
40          button4 = new java.awt.Button();
41          button5 = new java.awt.Button();
42          button6 = new java.awt.Button();
43          button7 = new java.awt.Button();
44          button8 = new java.awt.Button();
45          button9 = new java.awt.Button();
46          button10 = new java.awt.Button();
47          button11 = new java.awt.Button();
```

```
48          button12 = new java.awt.Button();
49          button13 = new java.awt.Button();
50          button14 = new java.awt.Button();
51          button16 = new java.awt.Button();
52          button15 = new java.awt.Button();
53          button17 = new java.awt.Button();
54          button18 = new java.awt.Button();
55          button19 = new java.awt.Button();
56          button20 = new java.awt.Button();
57
58          addWindowListener(new java.awt.event.WindowAdapter() {
59              public void windowClosing(java.awt.event.WindowEvent evt) {
60                  exitForm(evt);
61              }
62          });
63          add(screen, java.awt.BorderLayout.NORTH);
64
65          panel1.setLayout(new java.awt.GridLayout(5, 4));
66
67          button1.setLabel(" (");
68          button1.addActionListener(new java.awt.event.ActionListener() {
69              public void actionPerformed(java.awt.event.ActionEvent evt) {
70                  setScreen(evt);
71              }
72          });
73          panel1.add(button1);
74
75          button2.setLabel(")");
76          button2.addActionListener(new java.awt.event.ActionListener() {
77              public void actionPerformed(java.awt.event.ActionEvent evt) {
78                  setScreen(evt);
79              }
80          });
81          panel1.add(button2);
82
83          button3.setLabel("Quit");
84          button3.addActionListener(new java.awt.event.ActionListener() {
85              public void actionPerformed(java.awt.event.ActionEvent evt) {
86                  button3ActionPerformed(evt);
87              }
88          });
89          panel1.add(button3);
90
91          button4.setLabel("Clear");
92          button4.addActionListener(new java.awt.event.ActionListener() {
93              public void actionPerformed(java.awt.event.ActionEvent evt) {
```

```
 94                    button4ActionPerformed(evt);
 95                }
 96            });
 97         panel1.add(button4);
 98
 99         button5.setLabel("7");
100         button5.addActionListener(new java.awt.event.ActionListener() {
101             public void actionPerformed(java.awt.event.ActionEvent evt) {
102                 setScreen(evt);
103             }
104         });
105         panel1.add(button5);
106
107         button6.setLabel("8");
108         button6.addActionListener(new java.awt.event.ActionListener() {
109             public void actionPerformed(java.awt.event.ActionEvent evt) {
110                 setScreen(evt);
111             }
112         });
113         panel1.add(button6);
114
115         button7.setLabel("9");
116         button7.addActionListener(new java.awt.event.ActionListener() {
117             public void actionPerformed(java.awt.event.ActionEvent evt) {
118                 setScreen(evt);
119             }
120         });
121         panel1.add(button7);
122
123         button8.setLabel("/");
124         button8.addActionListener(new java.awt.event.ActionListener() {
125             public void actionPerformed(java.awt.event.ActionEvent evt) {
126                 setScreen(evt);
127             }
128         });
129         panel1.add(button8);
130
131         button9.setLabel("4");
132         button9.addActionListener(new java.awt.event.ActionListener() {
133             public void actionPerformed(java.awt.event.ActionEvent evt) {
134                 setScreen(evt);
135             }
136         });
137         panel1.add(button9);
138
139         button10.setLabel("5");
```

```
140          button10.addActionListener(new java.awt.event.ActionListener() {
141              public void actionPerformed(java.awt.event.ActionEvent evt) {
142                  setScreen(evt);
143              }
144          });
145          panel1.add(button10);
146
147          button11.setLabel("6");
148          button11.addActionListener(new java.awt.event.ActionListener() {
149              public void actionPerformed(java.awt.event.ActionEvent evt) {
150                  setScreen(evt);
151              }
152          });
153          panel1.add(button11);
154
155          button12.setLabel("*");
156          button12.addActionListener(new java.awt.event.ActionListener() {
157              public void actionPerformed(java.awt.event.ActionEvent evt) {
158                  setScreen(evt);
159              }
160          });
161          panel1.add(button12);
162
163          button13.setLabel("1");
164          button13.addActionListener(new java.awt.event.ActionListener() {
165              public void actionPerformed(java.awt.event.ActionEvent evt) {
166                  setScreen(evt);
167              }
168          });
169          panel1.add(button13);
170
171          button14.setLabel("2");
172          button14.addActionListener(new java.awt.event.ActionListener() {
173              public void actionPerformed(java.awt.event.ActionEvent evt) {
174                  setScreen(evt);
175              }
176          });
177          panel1.add(button14);
178
179          button16.setLabel("3");
180          button16.addActionListener(new java.awt.event.ActionListener() {
181              public void actionPerformed(java.awt.event.ActionEvent evt) {
182                  setScreen(evt);
183              }
184          });
185          panel1.add(button16);
```

```
186
187          button15.setLabel("-");
188          button15.addActionListener(new java.awt.event.ActionListener() {
189              public void actionPerformed(java.awt.event.ActionEvent evt) {
190                  setScreen(evt);
191              }
192          });
193          panel1.add(button15);
194
195          button17.setLabel("0");
196          button17.addActionListener(new java.awt.event.ActionListener() {
197              public void actionPerformed(java.awt.event.ActionEvent evt) {
198                  setScreen(evt);
199              }
200          });
201          panel1.add(button17);
202
203          button18.setLabel(".");
204          button18.addActionListener(new java.awt.event.ActionListener() {
205              public void actionPerformed(java.awt.event.ActionEvent evt) {
206                  setScreen(evt);
207              }
208          });
209          panel1.add(button18);
210
211          button19.setLabel("=");
212          button19.addActionListener(new java.awt.event.ActionListener() {
213              public void actionPerformed(java.awt.event.ActionEvent evt) {
214                  button19ActionPerformed(evt);
215              }
216          });
217          panel1.add(button19);
218
219          button20.setLabel("+");
220          button20.addActionListener(new java.awt.event.ActionListener() {
221              public void actionPerformed(java.awt.event.ActionEvent evt) {
222                  setScreen(evt);
223              }
224          });
225          panel1.add(button20);
226
227          add(panel1, java.awt.BorderLayout.CENTER);
228
229          pack();
230      }// </editor-fold>//GEN-END:initComponents
231
```

```
232        /** Exit the Application */
233        private void exitForm(java.awt.event.WindowEvent evt) {
234            System.exit(0);
235        }//GEN-LAST:event_exitForm
236
237        private void setScreen(java.awt.event.ActionEvent evt) {
238            Button btn = (Button) evt.getSource();
239            screen.setText(screen.getText() + btn.getLabel());
240        }//GEN-LAST:event_setScreen
241
242        private void button3ActionPerformed(java.awt.event.ActionEvent evt) {
243            System.exit(0);
244        }//GEN-LAST:event_button3ActionPerformed
245
246        private void button4ActionPerformed(java.awt.event.ActionEvent evt) {
247            screen.setText("");
248        }//GEN-LAST:event_button4ActionPerformed
249
250        private void button19ActionPerformed(java.awt.event.ActionEvent evt) {
251            // 添加实训 15 计算器中的表达式计算代码
252            String origin=screen.getText();
253            String text=origin+"#";
254            String value=computing(text);
255            screen.setText(value);
256
257        }//GEN-LAST:event_button19ActionPerformed
258
259        private Stack<Character>
260            OPTR=new Stack<Character>();    //运算符栈
261        private Stack<Double> OPND=new Stack<Double>();    //运算数栈
262        private OP op=new OP();              //运算符处理工具类
263
264        private String computing(String text){
265            OPTR.push('#');
266            int i=0;
267            char c=text.charAt(i);          //获取当前字符
268
269
270            while(c !='#' || OPTR.peek() !='#'){
271                if(c==' '){
272                    return "Error:数学表达式有空格";
273                }
274                if(!op.isOP(c)){//不是运算符
275                    double temp=0;
276                    boolean isDot=false;
277                    double dotCount=1;      //小数位数
```

```
278
279              //构造完整的多位操作数
280              while((!op.isOP(c)) && c !='#'){
281                  if(c=='.'){
282                      if(isDot){//小数点已经存在，即一个数字出现了多个小数点
283                          return "Error:小数点多个";
284                      }else{
285                          isDot=true;
286                      }
287                  }else if(isDot){//是小数部分
288                      dotCount=dotCount/10;
289                      temp=temp+Double.parseDouble(
290                          Character.toString(c))*dotCount;
291                  }else{//是整数部分
292                      temp=temp*10+Double.parseDouble(
293                          Character.toString(c));
294                  }
295                  c=text.charAt(++i);
296                  if(c==' '){
297                      return "Error:数学表达式有空格";
298                  }
299              } //while
300              OPND.push(temp);
301          }else{//是运算符
302
303              switch(op.precede(OPTR.peek(),c)){
304                  case '<'://栈顶元素优先级低
305                      OPTR.push(c);
306                      c=text.charAt(++i);
307                      break;
308                  case '>':  //退栈并把运算结果入栈
309                      char theta=OPTR.pop();
310                      double b=OPND.pop();
311                      double a=OPND.pop();
312                      OPND.push(op.operate(a,theta,b));
313                      break;
314
315                  case '=':  //脱括号并接收下一个字符
316                      OPTR.pop();
317                      c=text.charAt(++i);
318                      break;
319
320                  case '-':
321                      return "Error";
322
323          }//swich
```

```
324
325            }
326        }//while
327        OPTR.pop();//弹出栈底字符#
328        return ""+OPND.pop();
329    }
330    /**
331     * @param args the command line arguments
332     */
333    public static void main(String args[]) {
334        java.awt.EventQueue.invokeLater(new Runnable() {
33 5
336            public void run() {
337                new MyFrame().setVisible(true);
338            }
339        });
340    }
341    // Variables declaration - do not modify//GEN-BEGIN:variables
342    private java.awt.Button button1;
343    private java.awt.Button button10;
344    private java.awt.Button button11;
345    private java.awt.Button button12;
346    private java.awt.Button button13;
347    private java.awt.Button button14;
348    private java.awt.Button button15;
349    private java.awt.Button button16;
350    private java.awt.Button button17;
351    private java.awt.Button button18;
352    private java.awt.Button button19;
353    private java.awt.Button button2;
354    private java.awt.Button button20;
355    private java.awt.Button button3;
356    private java.awt.Button button4;
357    private java.awt.Button button5;
358    private java.awt.Button button6;
359    private java.awt.Button button7;
360    private java.awt.Button button8;
361    private java.awt.Button button9;
362    private java.awt.Panel panel1;
363    private java.awt.TextField screen;
364    // End of variables declaration//GEN-END:variables
365 }
366
367
368 class OP {//运算符类
369    private String operators="+-*/()#";
```

```
370
371    private char[][] priority={
372       {'>','>','<','<','<','>','>'},
373       {'>','>','<','<','<','>','>'},
374       {'>','>','>','>','<','>','>'},
375       {'>','>','>','>','<','>','>'},
376       {'<','<','<','<','<','=','-'},
377       {'>','>','>','>','-','>','>'},    //'-'表示算符顺序非法
378       {'<','<','<','<','<','-','='},
379    };
380
381    //比较运算符 c1 和 c2 的优先级
382    public char precede(char c1, char c2){
383       int i=operators.indexOf(c1);
384       int j=operators.indexOf(c2);
385       return priority[i][j];
386    }
387
388    //判断字符 c 是否是运算符
389    public boolean isOP(char c){
390       return (operators.indexOf(c) != -1);
391    }
392
393    public double operate(double a,char theta, double b){
394       double d=0;
395       switch(theta){
396          case '+':
397             d=a+b;
398             break;
399          case '-':
400             d=a-b;
401             break;
402          case '*':
403             d=a*b;
404             break;
405          case '/':
406             d=a/b;
407       }
408       return d;
409    }
410 }
```

请读者与实训 15 中采用文本编辑器开发的计算器进行比较，体会两者各自的优缺点。另外，可以在本程序的基础上再扩充计算器的功能，如函数绘图、开方、幂运算等。

实训 20 综合开发 2：文本编辑器

20.1 实训目的

通过采用 Netbeans 重新开发并完善实训 15 中的文本编辑器程序，训练读者掌握使用 Netbeans 进行 AWT GUI 程序的综合开发技能。

20.2 实训案例

下面介绍如何采用 Netbeans 重新开发并完善实训 15 中的文本编辑器程序。通过本实训，读者能够掌握：

（1）GUI 的菜单设计。

（2）GUI 国际化处理。

（3）GUI 对话框的使用。

（4）剪贴板的使用。

（5）TextArea 组件的使用。

（6）熟悉 Netbeans 的 GUI Builder（GUI 生成器）的使用。

下面的操作步骤在附带光盘中有 Flash 录像，请读者参考。

20.2.1 第一步：新建项目

要求项目名称为 MyEditor，不创建主类，其余同实训 19 中的创建项目步骤。

20.2.2 第二步：新建窗体 Frame

要求类名为 EditorUI，包名为 ui。

20.2.3 第三步：添加菜单栏并设置国际化

（1）单击选中 Palette AWT 中的 Menu Bar 组件。

（2）移动鼠标到 GUI 设计区，单击，添加菜单栏，菜单栏上自动添加菜单 File 和 Edit。

（3）右击 Netbeans 左下角 Inspector 中的 Form EditorUI，弹出快捷菜单，选择 Properties 命令，弹出窗体属性对话框，勾选 Automatic Internationalization 复选框，如图 20.1 所示。这时在 Projects 窗格的 ui 源代码包下面创建了 Bundle.properties 文件。

（4）注意到 Automatic Internationalization 属性下面还有两个属性：Properties Bundle File 和 Design Locale，这里采用 default language。

（5）单击 Close 按钮。这样后面菜单的 Label 会自动被国际化处理。

（6）在 GUI 设计器中，选择 File，右击，在快捷菜单中选择 Add→MenuItem 命令。这样就添加了菜单项 menuItem1。

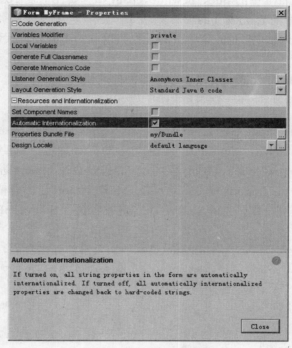

图 20.1 设置自动国际化

（7）在 Inspector 窗格中，右击，选择 Change Variable Name，弹出对话框，设置名字为 fileNew。

（8）在右边的 Properties 窗格中，修改属性 label 的值为 File。

（9）重复上面添加 fileNew 菜单项的步骤，在分别为 File 菜单添加菜单项：fileOpen（label 为 Open）、fileSave（label 为 Save）、fileSave2（label 为 Save as...）、菜单项分隔线、fileExit（label 为 Exit）。为 Edit 菜单添加菜单项： editCopy（label 为 Copy）、editPaste（label 为 Paste）。

（10）预览一下 GUI 界面，看看效果满意否。若满意则继续进行下面的步骤。

20.2.4 第四步：添加菜单项事件处理

（1）在 Inspector 窗格中选择 fileNew 菜单项，按 Enter 键或者双击，在 Netbeans 自动添加该菜单项的事件处理，并切换到事件处理的代码处，等待开发人员完善事件处理方法。

（2）找到实训 15 中计算器程序（NoteBook.java）的"新建"菜单项事件处理方法，把其代码复制过来。代码如下：

```
ta.setText("");
title = newtitle;
form.setTitle(newtitle);
path = null;
```

（3）复制过来的代码中有 ta 变量，这是 TextArea 组件变量，因此需要添加该组件。

（4）切换到 GUI 设计器窗口，从 Palette 的 AWT 中选择 Text Field 组件，并添加到 Form

的中心位置。然后修改其变量名为 ta。

（5）把 NoteBook.java 中的 title、newtitle、path 私有属性也复制过来。

（6）改上面代码中的 form 为 this。

（7）重复上面的步骤，把 File 菜单下的其他菜单项的事件处理代码都一一复制过来，并作相应的调整。

（8）加入 Edit 菜单的 editCopy 菜单项的事件处理代码，如下：

```
String text = ta.getSelectedText();
StringSelection ss = new StringSelection(text);
Toolkit.getDefaultToolkit().getSystemClipboard().setContents(ss, null);
```

（9）输入上面的代码后，Netbeans 代码编辑器的右侧会有许多红色的横线，这说明代码有错误，实际上是 StringSelection、Tool 等类所在的包没有被 import 进来。按 Ctrl+Shift+I 组合键或者执行 Source→Fix Imports 命令，这样就会自动 import 进所有需要的包。

（10）若代码不美观，则按 Alt+Shift+F 组合键或者执行 Source→Format 命令，会自动格式化代码，使其美观。

（11）重复上述操作步骤，为 editPaste 菜单项加入事件处理代码，如下：

```
Transferable t = Toolkit.getDefaultToolkit().getSystemClipboard().
                getContents(null);

try {
  if (t != null && t.isDataFlavorSupported(DataFlavor.stringFlavor)) {
    //只允许粘贴文本
    String text = (String) t.getTransferData(DataFlavor.stringFlavor);
    ta.replaceRange(text, ta.getSelectionStart(),
                    ta.getSelectionEnd());
  }
} catch (UnsupportedFlavorException e) {
} catch (IOException e) {
}
```

（12）保存所有文件。

20.2.5　第五步：运行测试

按 F6 键运行该程序，测试每个菜单项的事件处理是否正确，若正确则继续下面的步骤。

20.2.6　第六步：国际化资源

（1）在 Inspector 窗格中，在节点 Form EditorUI 上右击，选择 Properties 命令，弹出属性对话框，在最下面的 Design Locale 属性的右侧单击"..."按钮，弹出对话框，在 Language Code 文本框中选择或者输入 zh，在 Country Code 文本框中选择或者输入 CN，单击 OK 按钮，这样就创建了中文 locale。

（2）再创建英文 locale，在 Language Code 文本框中输入 en，在 Country Code 文本框中输入 US。

（3）这样就在 Projects 窗格的 ui 源包下面创建了两个新的空的文件：　Bundle_zh_

CN.properties 和 Bundle_en_US.properties。

（4）右击 Bundle.properties、Bundle_zh_CN.properties 和 Bundle_en_US.properties 中的任意一个文件，从弹出的菜单中选择 Open 命令，把资源文件作对应翻译，如图 20.2 所示。

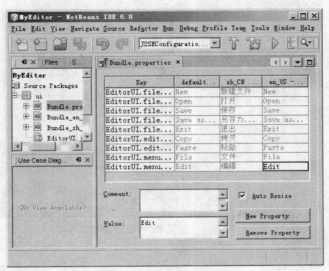

图 20.2 国际化资源翻译

（5）从操作系统的资源管理器中使用文本编辑器打开 Bundle_zh_CN.properties，会发现其中的汉字已经被转换为 Unicode 表示。

（6）在 Form EditorUI 节点的属性窗口中，选择最下面的 Design Locale 属性为 zh_CN，单击 Close 按钮。

（7）在 GUI 设计器中菜单 Label 已经变为中文，如果没有，则右击 Inspector 窗格 Form EditorUI 节点，选择 Reload Form 菜单项。

（8）单击 GUI 界面的"预览"按钮预览一下。

（9）重复上面的步骤，选择 Design Locale 为 en_US，则 GUI 设计器中的菜单 Label 变为英文。可以单击"预览"按钮预览一下。

（10）执行 Run→Set Project Configuration→Customize 命令，弹出对话框，单击左侧的 Run 按钮，在 VM Options 文框中输入-Duser.language=zh -Duser.country=CN，注意在 zh -Duser 中间有一个空格，如图 20.3 所示。单击 OK 按钮。然后按 F6 键执行程序，看看界面是否中文化。然后再设置-Duser.language=en -Duser.country=US，按 F6 键，看看界面是否英文化。

20.2.7 第七步：打包发布

执行 Run→Clean and Build Main Project 命令，则自动把当前主项目打包为 MyEditor.jar，并存放在项目中的 dist 文件夹下面。打开操作系统命令窗口，进入 dist 目录，分别执行如下命令：

```
java -jar -Duser.language=zh -Duser.country=CN MyEditor.jar
java -jar -Duser.language=en -Duser.country=US MyEditor.jar
java -jar MyEditor.jar
```

第三条命令是采用 JVM 默认的 Locale，即操作系统默认的 Locale。

上面的命令是用于执行已经发布的程序的，这样就脱离了 Netbeans IDE 开发集成环境。

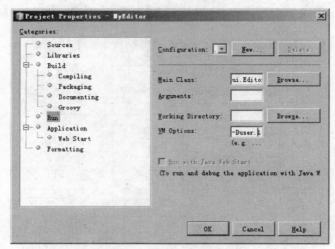

图 20.3　设置 JVM 运行参数

20.2.8　程序代码

该实训程序的全部代码如下：

```
1   /*
2    * EditorUI.java
3    *
4    * Created on Dec 19, 2009, 5:16:55 PM
5    */
6   package ui;
7
8   import java.awt.BorderLayout;
9   import java.awt.FileDialog;
10  import java.awt.Menu;
11  import java.awt.MenuBar;
12  import java.awt.MenuItem;
13  import java.awt.TextArea;
14  import java.awt.Toolkit;
15  import java.awt.datatransfer.DataFlavor;
16  import java.awt.datatransfer.StringSelection;
17  import java.awt.datatransfer.Transferable;
18  import java.awt.datatransfer.UnsupportedFlavorException;
19  import java.awt.event.ActionEvent;
20  import java.awt.event.ActionListener;
21  import java.awt.event.WindowAdapter;
22  import java.awt.event.WindowEvent;
```

```
23  import java.io.BufferedReader;
24  import java.io.FileNotFoundException;
25  import java.io.FileReader;
26  import java.io.FileWriter;
27  import java.io.IOException;
28  import java.util.ResourceBundle;
29
30  /**
31   *
32   * @author Administrator
33   */
34  public class EditorUI extends java.awt.Frame {
35
36      /** Creates new form EditorUI */
37      public EditorUI() {
38          initComponents();
39      }
40
41      /** This method is called from within the constructor to
42       * initialize the form.
43       * WARNING: Do NOT modify this code. The content of this method is
44       * always regenerated by the Form Editor.
45       */
46      // <editor-fold defaultstate="collapsed" desc="Generated Code">
47      //GEN-BEGIN:initComponents
48      private void initComponents() {
49
50          ta = new TextArea();
51          menuBar1 = new MenuBar();
52          menuFile = new Menu();
53          fileNew = new MenuItem();
54          fileOpen = new MenuItem();
55          fileSave = new MenuItem();
56          fileSave2 = new MenuItem();
57          fileExit = new MenuItem();
58          menuEdit = new Menu();
59          editCopy = new MenuItem();
60          editPaste = new MenuItem();
61
62          addWindowListener(new WindowAdapter() {
63              public void windowClosing(WindowEvent evt) {
64                  exitForm(evt);
65              }
```

```
 66             });
 67         add(ta, BorderLayout.CENTER);
 68
 69         ResourceBundle bundle = ResourceBundle.getBundle("ui/Bundle");
 70         menuFile.setLabel(bundle.getString("EditorUI.menuFile.label"));
 71
 72         fileNew.setLabel(bundle.getString("EditorUI.fileNew.label"));
 73         fileNew.addActionListener(new ActionListener() {
 74             public void actionPerformed(ActionEvent evt) {
 75                 fileNewActionPerformed(evt);
 76             }
 77         });
 78         menuFile.add(fileNew);
 79
 80         fileOpen.setLabel(bundle.getString("EditorUI.fileOpen.label"));
 81         fileOpen.addActionListener(new ActionListener() {
 82             public void actionPerformed(ActionEvent evt) {
 83                 fileOpenActionPerformed(evt);
 84             }
 85         });
 86         menuFile.add(fileOpen);
 87
 88         fileSave.setLabel(bundle.getString("EditorUI.fileSave.label"));
 89         fileSave.addActionListener(new ActionListener() {
 90             public void actionPerformed(ActionEvent evt) {
 91                 fileSaveActionPerformed(evt);
 92             }
 93         });
 94         menuFile.add(fileSave);
 95
 96         fileSave2.setLabel(bundle.getString("EditorUI.fileSave2.label"));
 97         fileSave2.addActionListener(new ActionListener() {
 98             public void actionPerformed(ActionEvent evt) {
 99                 fileSave2ActionPerformed(evt);
100             }
101         });
102         menuFile.add(fileSave2);
103         menuFile.addSeparator();
104         fileExit.setLabel(bundle.getString("EditorUI.fileExit.label"));
105         fileExit.addActionListener(new ActionListener() {
106             public void actionPerformed(ActionEvent evt) {
107                 fileExitActionPerformed(evt);
108             }
```

```
109             });
110         menuFile.add(fileExit);
111
112         menuBar1.add(menuFile);
113
114         menuEdit.setLabel(bundle.getString("EditorUI.menuEdit.label"));
115
116         editCopy.setLabel(bundle.getString("EditorUI.editCopy.label"));
117         editCopy.addActionListener(new ActionListener() {
118             public void actionPerformed(ActionEvent evt) {
119                 editCopyActionPerformed(evt);
120             }
121         });
122         menuEdit.add(editCopy);
123
124         editPaste.setLabel(bundle.getString("EditorUI.editPaste.label"));
125         editPaste.addActionListener(new ActionListener() {
126             public void actionPerformed(ActionEvent evt) {
127                 editPasteActionPerformed(evt);
128             }
129         });
130         menuEdit.add(editPaste);
131
132         menuBar1.add(menuEdit);
133
134         setMenuBar(menuBar1);
135
136         pack();
137     }// </editor-fold>//GEN-END:initComponents
138
139     /** Exit the Application */
140     private void exitForm(WindowEvent evt) {//GEN-FIRST:event_exitForm
141         System.exit(0);
142     }//GEN-LAST:event_exitForm
143
144     private void fileNewActionPerformed(ActionEvent evt) {
145 //GEN-FIRST:event_fileNewActionPerformed
146         ta.setText("");
147         title = newtitle;
148         this.setTitle(newtitle);
149         path = null;
150     }//GEN-LAST:event_fileNewActionPerformed
151
```

```
152     private void fileOpenActionPerformed(ActionEvent evt) {
153     //GEN-FIRST:event_fileOpenActionPerformed
154         FileDialog dialog = new FileDialog(this);
155         dialog.setMode(FileDialog.LOAD);
156         dialog.setVisible(true);
157         if (dialog.getDirectory() == null
158                 || dialog.getFile() == null) {
159           return;
160         }
161         path = dialog.getDirectory() + "/" + dialog.getFile();
162         BufferedReader r = null;
163         try {
164             r = new BufferedReader(
165                     new FileReader(path));
166             String line = null;
167             StringBuilder sb = new StringBuilder();
168             while ((line = r.readLine()) != null) {
169                 sb.append(line).append("\n");
170             }
171             ta.setText(sb.toString());
172
173             title = dialog.getFile();
174             this.setTitle(title);
175         } catch (FileNotFoundException e) {
176             e.printStackTrace();
177         } catch (IOException e) {
178             e.printStackTrace();
179         } finally {
180             if (r != null) {
181                 try {
182                     r.close();
183                 } catch (IOException e) {
184                     e.printStackTrace();
185                 }
186             }
187         }
188     }//GEN-LAST:event_fileOpenActionPerformed
189
190     private void fileSaveActionPerformed(ActionEvent evt) {
191     //GEN-FIRST:event_fileSaveActionPerformed
192         if (path == null) {//若是新文档
193             FileDialog dialog = new FileDialog(this);
194             dialog.setMode(FileDialog.SAVE);
```

```
195             dialog.setVisible(true);
196             if (dialog.getDirectory() == null
197                     || dialog.getFile() == null) {
198                 return;
199             }
200             path = dialog.getDirectory() + "/" + dialog.getFile();
201             write(path);
202             title = dialog.getFile();
203             this.setTitle(title);
204         } else {
205             write(path);
206         }
207     }//GEN-LAST:event_fileSaveActionPerformed
208
209     private void fileSave2ActionPerformed(ActionEvent evt) {
210     //GEN-FIRST:event_fileSave2ActionPerformed
211         FileDialog dialog = new FileDialog(this);
212         dialog.setMode(FileDialog.SAVE);
213         dialog.setVisible(true);
214         path = dialog.getDirectory() + "/" + dialog.getFile();
215         write(path);
216         title = dialog.getFile();
217         this.setTitle(title);
218     }//GEN-LAST:event_fileSave2ActionPerformed
219
220     private void fileExitActionPerformed(ActionEvent evt) {
221     //GEN-FIRST:event_fileExitActionPerformed
222         System.exit(0);
223     }//GEN-LAST:event_fileExitActionPerformed
224
225     private void editCopyActionPerformed(ActionEvent evt) {
226     //GEN-FIRST:event_editCopyActionPerformed
227         String text = ta.getSelectedText();
228         StringSelection ss = new StringSelection(text);
229         Toolkit.getDefaultToolkit().getSystemClipboard()
230 .setContents(ss, null);
231     }//GEN-LAST:event_editCopyActionPerformed
232
233     private void editPasteActionPerformed(ActionEvent evt) {
234     //GEN-FIRST:event_editPasteActionPerformed
235         Transferable t = Toolkit.getDefaultToolkit()
236     .getSystemClipboard().getContents(null);
237
```

```
238        try {
239            if (t != null && t.isDataFlavorSupported(
240                DataFlavor.stringFlavor)) {
241                //只允许粘贴文本
242                String text = (String) t.getTransferData(
243                DataFlavor.stringFlavor);
244                ta.replaceRange(text, ta.getSelectionStart(),
245                    ta.getSelectionEnd());
246            }
247        } catch (UnsupportedFlavorException e) {
248        } catch (IOException e) {
249        }
250    }//GEN-LAST:event_editPasteActionPerformed
251
252    private void write(String path) {
253        FileWriter out = null;
254        try {
255            out = new FileWriter(path);
256            out.write(ta.getText());
257        } catch (FileNotFoundException e) {
258        } catch (IOException e) {
259        } finally {
260            if (out != null) {
261                try {
262                    out.close();
263                } catch (IOException e) {
264                    e.printStackTrace();
265                }
266            }
267        }
268    }
269
270    /**
271     * @param args the command line arguments
272     */
273    public static void main(String args[]) {
274        java.awt.EventQueue.invokeLater(new Runnable() {
275
276            public void run() {
277                new EditorUI().setVisible(true);
278            }
279        });
280    }
```

```
281    // Variables declaration - do not modify//GEN-BEGIN:variables
282    private MenuItem editCopy;
283    private MenuItem editPaste;
284    private MenuItem fileExit;
285    private MenuItem fileNew;
286    private MenuItem fileOpen;
287    private MenuItem fileSave;
288    private MenuItem fileSave2;
289    private MenuBar menuBar1;
290    private Menu menuEdit;
291    private Menu menuFile;
292    private TextArea ta;
293    // End of variables declaration//GEN-END:variables
294    //自定义字段
295    private String newtitle = "无标题 - MyJavaEditor";
296    private String title = newtitle;
297    private String path = null;
298  }
```

附录 习题选解与提示

习题 1

1．首先看明白错误信息的含义。中文的意思是 main 线程出错，原因是类的定义找不到（NoClassDefFoundError），出错信息最后的 HelloWorld.java 是出错的源代码文件。类的定义找不到是什么意思呢？我们知道类的定义在源代码中是采用关键字 class 声明的部分，编译后这个类定义的源代码就转换成了字节码，编码形式变了，但类的定义没有变，只不过现在是字节码形式的类的定义保存在对应的.class 文件中，到这里就明白了，什么时候类的定义找不到呢？当然是通过 classpath 环境变量指定的路径找不到对应的.class 文件。因此首先检查环境变量 classpath 的值中是否有当前目录（.），若没有则追加，若重新编译后的错误信息不变，则查看当前目录下是否有 HelloWord.class 文件存在，若没有则使用 cd 指令切换到 HelloWord.class 文件所在的目录，重新编译，问题即可解决。

注意，错误信息中提到了 main 线程，我们知道启动一个 Java 应用程序的命令是：java XXXClass，其含义是 JVM（暂认为就是这个 java 命令吧）启动时首先创建并运行一个 main 线程，然后这个 main 线程再调用 XXXClass 中的 main 方法。因为这里找不到 HelloWorld 类，所以这时只是创建并运行了 main 线程，还没有执行到调用 main 方法这一步。这里暂且知道这么回事，不必深入追究线程的相关知识，到后面学习了多线程一章后就能彻底明白了。

此题考查的是读者是否真正彻底地理解了环境变量的作用与含义。

2．这是操作系统找不到 javac 编译器的缘故，检查环境变量 path 的值是否正确的指向了 JDK_ROOT\bin，也可以使用绝对路径运行 javac，假如 JDK 安装在 D:\jdk 下，则用 D:\jdk\bin\javac HelloWorld.java 也是可以的，只不过麻烦些。还是建议设置 path 环境变量。

本题考查的依然是对环境变量的理解。

3．编译程序时没有.java 后缀，如：

```
javac HelloWorld
```

正确的是：javac HelloWorld.java，初学者很容易犯这样的错误，这是手眼不到位造成的。

4．错误信息有如下含义：

第 1 行指出源代码文件 testing.java 的第 14 行有错误，原因是期望有";"，即第 14 行没有以分号结束。

第 2 行指出了出错的代码，即第 14 行的代码，后面有符号"^"，进一步指出出错代码行的具体错误位置，但"^"标记的位置有时并不准确，但不会离"^"太远，就在附近（参考实训教材 1.2.4）。

最后一行统计出了错误个数，但这个数字有时并不准确，因为有时候，后面的错误是由前面的代码错误引起的，但编译器不管这些，它把所有的错误都统计在内，因此在排错时，首先看第一个错误信息，纠正后立即重新编译，若后面的错误真是由前面代码的错误引起的，这样纠正了前面错误，后面就不必再纠正了。

（5）俗话说，做什么活用什么工具，如写文章得用纸和笔，做菜得用锅和勺，反之就不行！编程语言亦然，不同的编程语言有不同的特点，Java 与 C/C++虽然都是通用编程语言，但 C/C++善于开发系统软件，而 Java 则善于开发应用软件。这里有必要解释一下系统软件和应用软件。软件分为系统软件和应用软件两大类，系统软件也称为基础软件，软件就像一座高楼，高楼分为地基和地面以上的楼房，地基很重要，没有地基，地面以上的楼房也不可能存在，甚至地基不好都不行，只有地基，没有楼房也不行，因为地基无法为人们提供居住、仓储等功能。基础软件就像地基，应用软件就像楼房。基础软件有操作系统、数据库管理系统等，基础软件相对独立性较强，要求运行的速度要快，而且还与硬件直接打交道，基于这些特点，C/C++正合适，因为 C/C++的速度快，而且对硬件的操作非常灵活。而应用软件呢？尤其 Internet 发展的突飞猛进，要求应用软件能够在多台计算机之间协作，如售票系统、远程教育系统等，但对编程语言的速度就没有很高的要求，关键是在多台计算机之间协作，这就比较麻烦，因为不同的计算机的操作系统极有可能不同，不同的计算机的硬件也极有可能不同，这就要求编程语言能够跨平台，而 Java 正好适合。

该题目要求读者从 Internet 上查阅相关资料，充分利用 Internet 给我们提供的便利。而且有些初学者因为不了解，往往产生一些错误的观念：Java 比 C/C++优秀或者反之，通过该题目澄清了这些错误的言论。通过该题目还可以扩充读者的知识面，是对教材内容的一种有益的补充。

6. 不使用 java 命令，是因为在安装 JDK（注意安装后在 JDK 目录下有 jre）的同时还会复制一份 java.exe 到 C:\WINDOWS\system32\下，从而从命令窗口中执行 java.exe 命令时没有任何问题。与在环境变量 path 中是否正确配置了 JDK_ROOT\bin 目录路径无关，这样无法验证 JDK 环境是否正确。

测试开发环境搭建正确与否，除了使用 javac 命令外，还可以是 JDKRoot\bin 目录中的除了 java、javaw 之外的其他命令，如 jar 等。

9. Java 的跨平台当然是个极大的亮点。题目所说也是事实，系统运行后确实几乎没有再更换平台的必要了，但其结论——跨平台意义不大却是大错特错的，因为讲的是只在一个平台上运行的系统，对这样的系统而言，结论是正确的，但没有放眼于整个 Internet 应用、网络分布式应用。第 5 题的知识正好说明这一点，Internet 应用、网络分布式应用的核心是解决异构系统的互操作问题，也就是跨平台的问题，Java 为什么这么火？发展这么迅猛？就是因为它能解决这个关键问题。

Java 跨平台的原理就在 JVM 上，JVM 处在上层 Java 应用和底层操作系统之间的中间层，JVM 对上层的 Java 应用提供统一的 Java 接口，而与下层的操作系统则紧密结合，不同的操作系统提供不同的 JVM，所以就实现了绝对的跨平台。也正因为有了中间层的 JVM，所以 Java 程序的速度也就不是很快了，虽然从 JDK 1.4 以来 Java 的速度有了很大提升，但无论如何都不可能达到操作系统那样的速度。

通过本题目，使读者对跨平台这个特点有了本质的深入的理解。

习题 2

1．文档注释也称为 javadoc，这个注释很重要。在开发真正的软件系统时，除了编码外，还要编写一个 API 文档，并且要时时与程序源代码保持一致，实践证明，单独编写一个 API 文档是一项很艰巨的任务，要能够时时保持与源代码的一致性就更难了，因为源代码在开发过程中经常要修改，要 API 文档时时保持与源代码的绝对一致简直是不可思议。为了解决这个问题，Java 引入了文档注释。通过对 Java 接口/类、成员属性和成员变量进行文档注释（注意：不对方法内的代码作文档注释），然后采用 JDK 提供的 javadoc 命令，就可以根据源代码和文档注释自动生成一份详尽的 API 文档，当源代码被修改时，只需修改对应部分的文档注释即可，这样 API 文档当然能够与源代码时时保持绝对的一致。

2．package 语句、import 语句和类（Java 接口）定义有着严格的先后顺序：package 语句在最前面，其次是 import 语句，最后是类（Java 接口）定义。其中 package 语句可以没有，若有则只能有一条；import 语句若不需要则不必有，import 语句可以有多条；类（Java 接口）一般不能省略，可以有一个或多个，但 public 修饰的类（Java 接口）只能有一个。

3．BCEFG

4．javac 命令的参数有很多，可以使用命令：javac -help 来查看，其中常用的有：-d，-cp。

5．java 命令的参数也很多，可以使用命令：java -help 来查看，其中常用的有：-cp。

6．程序不对，因为 return 语句后面还有可执行语句，这样的语句是永远都不会被执行的，这样的语句称为不可达语句，在 Java 中是不允许的，类似的在教材中还有 while（false），for（;false;）;。

7．第一句不对，因为浮点数默认是 double 型的，而要赋值给 float 型变量需要强制类型转换：float a=（float）1.0，或者 float f=1.0F 都可以。后面给出的语句是做了一个对比：整型字面量默认为 int 型的，然而可以直接赋值给比 int 型低的类型变量。

8．这个题目比较有意思，问 import 一个具体的类比 import 一个包中所有的类的执行效率（运行速度）高吗？表面上理解似乎应该高，但实际上就执行效率来说没有差别，因为 import 语句只是指明了一条路径。

9．

（1）√。

（2）√，加了一对括号只是强调了优先级。

（3）√，创建了一个数组，默认初始化其元素为 0，从而可以猜测其他的基本类型的数组在创建分配空间后默认的初始化值：new boolean[3]的元素初值为 false，new byte[2]的元素初值为 0，new short[2]的元素初值为 0，new char[2]的元素初值为''（空字符，注意与空格字符' '区分，空字符的数值为 0），new long[2]的元素初值为 0L，new float[2]的元素初值为 0.0F，new double[2]的元素初值为 0.0D。

（4）×，给数组变量赋值可以用（1,2,3）的形式，但独立的（1,2,3）不是一个数组对象，从而也就不能取其某个元素的值了。

（5）×，当动态创建数组对象并同时赋值时，不能指定数组元素的个数，其个数由赋值的元素个数决定。

（6）×，理由同（5）。

（7）×，第二个元素没有指定分配的元素个数。

（8）√，声明了一个二维数组 i。

（9）√。

（10）√。

（11）×，理由同（4）。

（12）×。

（13）√。

（14）√。

（15）√。

（16）√。

（17）×。

10．不对，把 char 去掉就可以了。

11．基本类型的转换只能在数值型之间进行，若是正整数，还可以包括字符型（可以看作无符号的整数），若数据类型由低向高转换则会发生自动提升，反之则必须使用强制类型转换，强制类型转换时注意数值精度是否会发生损失，另外，当 byte→char 时，则实际转换的过程是 byte→int→char；当 short→char 时，实际转换过程是 short→int→char。

12．本题旨在练习读者查阅文献、消化文献的能力。

13．本题旨在锻炼读者的学习总结能力，必须自己认真总结后，掌握的知识技巧才有质的飞跃，不光是本章，对每一章都应作深刻的总结，这是学习的良方，"纸上得来终觉浅，绝知此事要躬行"！

习题 3

3．这段代码把学生的信息记录在一个类 School 中。初看起来似乎没有问题，但若是在一个大型的项目中，由多个程序员一块来编写这个程序，则这段代码就会出现问题。若需要修改学生的信息，而把这个任务分派给多个程序员，他们都要对同一个类进行修改，这样会彼此影响，造成许多问题。

可以把学生和学校的信息分开，封装到不同的类中，同时保持学校类对学生信息的可访问性，代码修改如下：

```
1  public class School {
2      private Students students;
3
4      public School(){
5          students = new Students();
6      }
7
8      public void addStudentName(String stuName){
9          students.addStudentName(stuName);
10      }
```

```
11  }
1   public class Students {
2       private int index;
3       private String[] studentNames;
4
5       public Students(){
6           studentNames=new String[10000];
7           index=0;
8       }
9
10      public void addStudentName(String stuName){
11          if(index < studentNames.length-1){
12              studentNames[index++]=stuName;
13          }
14      }
15  }
```

这样程序员可以对 School 或 Student 类进行独立修改而避免了相互影响。

这个题目说明了封装的一个原则：尽可能地使用接口。这里的接口是指一个类访问其他类的方法接口。在这个程序中，可以在 Students 类中修改变量 studentNames，而不需要修改通过 addStudentName()方法来访问此变量 studentNames 的类 School，即 School 和 Students 类是强内聚弱耦合的，修改一方而不会影响另一方，当然修改的前提是访问接口不能改变。

另外需要注意的是，Students 类中的变量 studentNames 的类型在这里采用的是字符串数组，这并不是一个理想的类型，应该采用 ArrayList 或者 Vector，而它们在第 7 章才被讲解，故这里暂时使用字符串数组。

4. 该题目旨在练习如何设计并实现封装类。类的封装有两个优点：保护措施（也可以称为安全性，或数据的可见度）和独立性（也称为强内聚弱耦合）。安全性是通过访问关键字 public、protected 和 private 来控制的，而独立性则是通过设计良好的访问接口来实现的。明白了这些，下面来设计这个简单的购物系统就能有的放矢了。

在购物时，一定是每个购物车包含将要购买项的清单，每个购买项都对应一类商品。所以应该设计三个类：ShoppingCholley、BuyItem、Product。

下面要做的是如何定义这三个类，并确定各个对象之间数据的可见度。关键在于要找出每个对象完成工作所要了解的信息。按照题目的要求，我们知道对外提供的接口要完成的工作有：建立新的购物车，获取购物车中所有商品的价格。

为了建立新的购物车，要能够从外部告知来建立购物车。购物车也要知道放在购物车中的内容。另外，购物车要能为每种商品建立购买项，并将其加入购物车中。还要知道被购买的商品及其数量。

计算购买的商品的价格，只需要对购物车进行统计即可。要完成这个计算，购物车需能够访问每个购买项中商品的数量和商品。

经过上面的分析，设计的类中的主要方法如附图 1 所示。

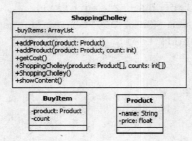

附图 1 类图

代码框架如下：

```
1  public class ShoppingCholley {
2    private ArrayList<BuyItem> buyItems;
3
4    /**
5     * 一次加入一个商品
6     */
7    public void addProduct(Product product) {
8        //首先遍历 buyItems，检查其中是否有 product，若有则令对应的
9        //buyItem 中的 count 增加 1，否则建立一个新的 buyItem，并加入
10       //到 buyItems 中
11
12   }
13
14   /**
15    * 一次加入多个商品
16    */
17   public void addProduct(Product product, int count) {
18       //首先遍历 buyItems，检查其中是否有 product，若有则令对应的
19       //buyItem 中的 count 增加参数 count，否则建立一个新的 buyItem，
20       //并加入到 buyItems 中
21   }
22
23   /**
24    * 获取购物车中所有商品的总价格
25    */
26   public void getCost() {
27       //通过遍历 buyItems 来实现
28
29   }
30
31   /**
32    * 根据商品及其数量列表创建购物车
33    */
34   public ShoppingCholley(Product[] products, int[] counts) {
35       buyItems=new ArrayList<BuyItem>();
```

```
36          for(int i=0;i<products.length;i++){
37              BuyItem item = new BuyItem(products[i], counts[i]);
38              buyItems.add(item);
39          }
40      }
41
42      /**
43       * 创建空的购物车
44       */
45      public ShoppingCholley() {
46          buyItems=new ArrayList<BuyItem>();
47      }
48
49      /**
50       * 打印购物车中的商品清单
51       */
52      public void showContent() {
53          //通过遍历 buyItems 来实现
54
55      }
56  }
1   public class BuyItem {
2       private Product product;
3       private short count;
4
5       public BuyItem(Product prod, short count){
6           this.product=prod;
7           this.count=count;
8       }
9
10      public Product getProduct(){
11          return product;
12      }
13
14      public short getCount(){
15          return count;
16      }
17
18      public void addToCount(short num){
19          count=count+num;
20      }
21
22  }
1   public class Product {
2       private String name;
3       private float price;
```

```
 4
 5    public Product(String name, float price){
 6        this.name=name;
 7        this.price=price;
 8    }
 9
10    public String getName(){
11        return name;
12    }
13
14    public float getPrice(){
15        return price;
16    }
17 }
```

上面的代码没有完全实现，请读者首先充分弄明白这个系统的来龙去脉后，再完善。

5．初看起来代码没有问题，而且还使用了继承。但仔细观察就会发现，它违反了继承的基本原则：只有在类 A 是类 B 的一种时（即特殊与一般的关系），类 A 才可能是类 B 的子类。而题目中的汽车和窗口的关系显然不符合这一原则。汽车与窗口的关系应该是一种 has-a 的关系，是一种包含关系。这个题目旨在锻炼读者把类与类的关系：has-a 与 is-a 的区别真正地应用到编程代码中的能力。若读者对这个题目稍作推演，就不难看出题目中把 has-a 处理为 is-a 的弊端了：若现在要扩充 Automobile 类的功能，增加变量 maxSpeed，显然是由于 Window 类继承了 Automobile 类，在 Window 类中也会有 maxSpeed，而这并不合理。若把变量 maxSpeed 设为 private，使其在 Window 类中不可见，这样又给 Automobile 其他子类对 maxSpeed 的访问造成了麻烦！这里，Automobile 和 Window 之间的关系是 has-a 而不是 is-a，这是根本问题。

8．引用类型的类型转换只能发生在具有 is-a 的纵向关系之间，对象的创建类型及其以上的范围。向上级类型转换时会发生自动转换，而向下级转换则必须使用强制类型转换。

9．对象的实例化过程为：若有 static 块，则首先执行之，然后构建成员变量并采用默认值初始化，接下来执行相应的构造方法。若对象有父类，则首先完成父对象的创建，然后再创建子对象。

习题 4

1．属于动态的。因此不能使用 static 修饰。

2．声明一个数组变量并不需要分配内存空间，创建一个数组则需要分配内存空间，而分配内存空间是根据数据的类型进行的，泛型是类型，只是一个形式参数，并不是具有具体含义的类型，所以无法根据泛型来创建一个泛型数组。结合教材 4.2 节最后的例程就容易理解了。

3．Foo 是 Bar 的一个子类型（子类或者子接口），而 G 是某种泛型声明，所以 G<Foo>与 G<Bar>都是 G 类，不同的是一个 G 类中的泛型被 Foo 取代了，另一个 G 类中的泛型被 Bar 取代了，因此不能认为 G<Foo>就是 G<Bar>的子类型。读者一定要从原理上弄清楚泛型继承的概念。

4．泛型中的 extends 表示右边的操作数是左边操作数的上界，右边操作数可以是一个或多个。若有多个右操作数，它们可以是纯类、接口或者类与接口的混合，它们之间采用符号 & 连接。左操作数 is a 右操作数，就这一点来说，左操作数与右操作数具有直接或间接的继承或者实现关系，如：教材 4.3 节最后的例程。

而 Java 接口/类中的 extends 表达的是一种继承关系，只允许单继承，而且 extends 的左、右两个操作数要么全是类要么全是接口，不允许在类和接口之间存在继承关系。在整个的继承链条上，右操作数不是左操作数的上界，最终的上界是 java.lang.Object。例如：

```
class A implements IA{} //类 A 与接口 IA 的实现关系
class B extends A{}      //类 B 与类 A 的继承关系

B b=new B();
A a=b;         //可以的
IA ia=b;       //可以的，A 不是 B 的上界，当然 IA 也不是
Object obj =b; //可以的
```

5．泛型中的 super 表达右操作数是左操作数的下界，而类中的 super 代表的是父类的对象。

6．通配符只能用于成员变量、局部变量、参数类型和返回类型，不能用于命名类和接口。另外，由于泛型通配符代表任意符合规则的引用类型，具有不确定性，无法明确确定是哪一种具体的引用类型，所以不能在需要明确具体引用类型的地方使用它。

习题 5

1．程序在运行过程中有可能会遇到一些事先无法预知的不正常的情况，如网络突然中断，要访问的文件不存在，访问的数据库关闭，等等。这些情况都是无法避免的，它们与正在运行的程序是否有 bug 毫无关系。

2．所谓异常，简单地说就是程序在运行过程中遇到了不正常的情况。Java 的异常处理机制有两个：一个是 try–catch–finally，抛出异常并捕获处理；另一个就是 throws/throw，只是简单地把异常抛出来，抛给调用该方法的方法，让它来处理，自己不处理。

4．子类中的覆盖方法声明的抛出异常不能是父类被覆盖方法声明的抛出异常的祖先类，只能是其子类或同类。子类中的覆盖方法也可以不声明抛出异常，尽管父类中的被覆盖方法声明抛出了异常。

习题 6

2．创建线程的方式有两种：通过继承 Thread 类和实现 Runnable 接口。前一种需要覆盖 Thread 类的 run 方法，启动线程时调用的是自定义类中继承自 Thread 类的 start 方法；后一种需要实现 Runnable 接口的 run 方法，启动线程时，首先根据自定义的类对象创建一个 Thread 类对象，然后调用 Thread 类对象的 start 方法。

5．线程在调度过程中可能会遇到死锁问题的发生。死锁指两个或两个以上的线程为了使用某个共享临界资源而无限制地等待下去。Java 中的多线程使用 synchronized 关键字实现同步。为了避免线程中使用共享资源的冲突，当线程进入 synchronized 的共享对象时，将为共享对象加上锁以阻止其他的线程进入该共享对象。但是，正因为如此，当多线程访问多个共享对象时，

如果线程锁定对象的顺序处理不当就有可能造成线程间相互等待的情况，即死锁现象。死锁可能发生在两个线程之间，也可能发生在多个线程之间，如哲学家问题。有 4 个哲学家坐在桌子上等着吃饭，每个人一边一根筷子，四个人四根筷子。一个人拿到两根筷子的时候才能吃。否则等待，有一种情况就是，四个人，每个人都拿了一根筷子，还没有人放手。结果四个人都在无期限的等待。再例如，城市交通十字路口，若红绿灯坏了，则极易造成交通堵塞（死锁）。

死锁发生的必要条件有：

互斥条件（Mutual Exclusion）：资源不能被同时共享，只能由一个进程使用。

请求与保持条件（Holdandwait）：已经得到资源的进程可以再次申请新的资源。

非剥夺条件（Nopre-emption）：已经分配的资源不能从相应的进程中被强制地剥夺。

循环等待条件（Circularwait）：系统中由若干进程组成环路，该环路中每个进程都在等待相邻进程正占用的资源。

死锁不仅使程序无法达到预期实现的功能，而且浪费系统的资源，所以在服务器端程序中危害比较大。在实际的服务器端程序开发中，需要注意避免死锁。

死锁的检测比较麻烦，而且不一定每次都出现，这就需要在测试服务器端程序时，有足够的耐心，仔细观察程序执行时的性能检测，如果发现执行的性能显著降低，则很可能是发生了死锁，然后再具体查找死锁出现的原因，并解决死锁的问题。

死锁出现的最本质原因还是逻辑处理不够严谨，程序设计时考虑得不周全，所以一般需要修改程序逻辑，破除上述的 4 个必要条件之一，才能够很好地解决死锁。

习题 7

1. Java 提供了 File/RandomAccessFile、I/O 流、NIO 三种机制来处理 I/O 操作。

2. 字符集编码的发展经历了三个阶段：ASCII、ANSI 本地化阶段、Unicode 国际化阶段。正是 ANSI 导致了除 ASCII 之外的字符集的不兼容，经常会遇到乱码问题。

习题 8

2. 简要的体系及说明如下：

```
Collection(I)
├Queue(I)
││Deque(I) 双端队列接口。
│││├LinkedList 链表式的双端队列，同时也可以用作一般的链表或队列。
│││└ArrayDeque 数组顺序表式的双端队列。
││└PriorityQueue 基于优先级堆的无界优先级队列。
├List(I)
││├LinkedList
││├ArrayList 基本上等同于 Vector，除了不是多线程同步的。
││└Vector　基本上等同于 ArrayList，除了是多线程同步的。
││　└Stack　栈。
└Set(I)
　├SortedSet(I) 有序集接口。
```

```
|└TreeSet 按照一定的规则，将加入到集合里面的数据进行自动排序。
├HashSet 不保证 set 的迭代顺序；特别是它不保证该顺序恒久不变。
|└LinkedHashSet 链表式哈希集合，严格按照放入集合的顺序进行排序。
└EnumSet 与枚举类型一起使用的专用 Set 实现。
```

```
Map(I)
├SortedMap(I)
|└TreeMap 基于红黑树(Red-Black tree)的实现，红黑树又称为对称二叉 B 树。
├Hashtable  key--value 都是 Object 类型的属性集合。
|└Properties key--value 都是 String 类型的属性集合。
├HashMap 基于哈希表的 Map 接口的实现。
|└LinkedHashMap 基于哈希表和链接列表的 Map 接口的实现，具有可预知的迭代顺序。
└EnumMap 与枚举类型键一起使用的专用 Map 实现。
```

教材中给出的集合框架图是一个完整的，而这里给出的则是在编程中实用的。其具体使用还需要查阅 JDK API。

3. 编写程序如下：

```java
1   import java.util.*;
2
3   public class StackTest {
4       public static void main(String[] args){
5           Stack<Integer> s=new Stack<Integer>();
6           int num=Integer.parseInt(args[0]);    //输入一个正整数
7           int tmp=0;
8           while (num>0){
9               s.push(num%2);//入栈
10              num=num>>1;    //等价于 num?/span>2
11          }
12          while(!s.empty()){
13              int n=s.pop();    //出栈
14              System.out.print(n);
15          }
16      }
17  }
```

4. HashMap 是 Hashtable 的非线程同步的实现，它们都实现了 Map 接口。主要区别在于 HashMap 允许空（null）键 key 与 null 值 value，而 Hashtable 则不允许。另外，HashMap 的执行效率可能会比 Hashtable 高，但不及 Hashtable 安全。

习题 9

1. 自定义的类如下：

```java
1   import java.util.*;
2   public class Person {
3       String name,sex;
4
```

```
5       public String toString(){//覆盖了 Object.toString()
6           StringBuilder sb = new StringBuilder();
7           sb.append(name).append(",");//可以连续 append
8           sb.append(sex);
9           return sb.toString();
10      }
11
12      public Person(String name, String sex){
13          this.name=name;
14          this.sex=sex;
15      }
16
17
18      public static void main(String... args){
19          List<Person> list = new ArrayList<Person>();
20          String [][] s={{"张三","male"},
21              {"李四","男"},
22              {"Wanghone","female"}};
23
24          for(String[] e: s){
25              list.add(new Person(e[0],e[1]));
26          }
27
28          for(Person p:list){
29              System.out.println(p);    //自动调用了 stu.toString()
30          }
31      }
32  }
```

4. 编写程序如下：

```
1  import java.util.*;
2  import java.io.*;
3
4  public class Student {
5      String name,no;
6      int score;
7
8      public String toString(){//覆盖了 Object.toString()
9          StringBuilder sb = new StringBuilder();
10         sb.append(no).append(",");     //可以连续 append
11         sb.append(name).append(",").append(score);
12         return sb.toString();
13     }
14
15     public Student(String no, String name,int score){
16         this.name=name;
17         this.no=no;
```

```
18          this.score=score;
19      }
20
21  public static void main(String... args){
22      /*只涉及读操作可用 ArrayList,
23       *若涉及频繁的写操作,则用 LinkedList*/
24      List<Student> list = new ArrayList<Student>();
25      BufferedReader br=null;
26      try{
27          br=new BufferedReader(new FileReader("student.txt"));
28          String line;
29          br.readLine();      //读取一行文本,但首行不用
30          while((line=br.readLine())!=null){
31              String[] sp=line.split(",");
32              //把成绩由字符串转换为整数,然后构造 Student 类实例对象
33              Student stu=new Student(sp[1],sp[0],
34              Integer.parseInt(sp[2]));
35              list.add(stu);
36          }
37
38          for(Student p:list){
39              System.out.println(p);      //自动调用了 stu.toString()
40          }
41
42      }catch(IOException e){
43          e.printStackTrace();
44      }finally{
45          if(br!=null){
46              try{
47                  br.close();
48              }catch(IOException e){
49                  e.printStackTrace();
50              }
51          }
52      }
53  }
54 }
```

习题 10

1. 提示:本题意在训练读者从 Internet 上获取资料的能力。养成一个好习惯,有问题经过思考还不能解决的,可以查询 Internet,它是一位绝好的老师。读者一定要培养起通过在 Internet 上查询相关资料来解决问题的能力。就本题来说,Java 语言脱胎于 C/C++,C/C++中支持枚举类型,而 Java 1.5 之前的版本是不支持枚举类型的,从 Java 1.5 开始却又引入了枚举类型。这段 Java 发展历史说明了两个问题:①早期的 Java 不支持枚举,而是使用一个替代方

案：Java 常量。由于早期的 Java 功能还不强大，其应用开发还不广泛，对枚举的需求微乎其微，所以这个替代方案比枚举要好用；②随着 Java 的迅猛发展，其功能和性能都有了巨大的提高，这时 Java 的应用开发也越来越广泛，规模越来越大，使用枚举的需求也越来越强烈。此时，再使用这个替代方案就显得力不从心。Java 从使用替代方案到使用枚举这一点，也说明了一个问题：技术没有绝对的优劣，只有相对的合适与不合适。作为一名软件设计师，这一观点尤为重要。在设计软件系统时，要充分考虑软件的需求，要量体裁衣，选用合理的技术，不可过度的求新求时髦。

2．提示：本题意在训练读者的学习总结能力。不光是学习计算机知识，学习任何知识都需要总结。总结是对所学知识的梳理、深化和升华。本题目本身就给出了提示，从简单声明、带参数、带体、实现接口 4 个方面总结其各自的语法使用，并且要弄清楚这 4 种用法之间的不同，以避免在使用过程中发生混淆。

习题 11

1．GUI 编程模型即 GUI 编程三要素。从三要素这个思路来总结。

参考文献

[1] 严蔚敏，吴伟民．数据结构．北京：清华大学出版社，1997．

[2] James Gosling. The Java Language Specification(3rd Edition)，Addison-Wesley Professional press，2005．

[3] Sharon Zakhour. The Java Tutorial(4th Edition), Addison-Wesley Professional press，2006．

[4] （美）Grady Booch. UML 用户指南．2 版．邵佳忠等译．北京：机械工业出版社，2006．

[5] （美）Bruce Eckel. Thinking in Java(4th Edition). Prentice Hall PTR，2006．

[6] 孙卫琴．Java 面向对象编程．北京：电子工业出版社，2006．

[7] IEEE Computer Society , IEEE Standard for Binary Floating-Point Arithmetic，IEEE Std 754，1985．

高等院校计算机科学规划教材

本套教材特色：

(1) 充分体现了计算机教育教学第一线的需要。

(2) 充分展现了各个高校在计算机教育教学改革中取得的最新教研成果。

(3) 内容安排上既注重内容的全面性，也充分考虑了不同学科、不同专业
   对计算机知识的不同需求的特殊性。

(4) 充分调动学生分析问题、解决问题的积极性，锻炼学生的实际动手能力。

(5) 案例教学，实践性强，传授最急需、最实用的计算机知识。

21世纪智能化网络化电工电子实验系列教材

21世纪高等院校计算机科学与技术规划教材

21世纪高等院校课程设计丛书

21世纪电子商务与现代物流管理系列教材

本套教材是为了配合电子商务，现代物流行业人才的需要而组织编写的，共24本。

经验丰富的作者队伍

知识点突出，练习题丰富

案例式教学激发学生兴趣

配有免费的电子教案